Matthias Brandt

ZEIT & FOKUS

– KONZENTRIERT ARBEITEN –

Wie Sie durch Selbstdisziplin und effektives Zeitmanagement maximale Produktivität erreichen und die geheimen Fokus-Strategien der Super-Erfolgreichen anwenden

JS - Buchvertrieb
Bücher, Ebooks, Hörbücher und mehr.

Jan Sergienko - Buchvertrieb
Ekhofstraße 31 , D-22087 Hamburg

info@js-buchvertrieb.de

Originale Erstauflage: September 2018

Coverbild: mei jabal studio / Shutterstock

Druck / Auslieferung: Amazon oder eine Tochtergesellschaft
Independently published

ISBN: 978-1691263165

INHALT

Vorwort

„Zeit, die wir uns nehmen, ist die Zeit, die uns etwas gibt.“

(Zitat des österreichischen Lehrers und Schriftstellers Ernst Ferstl)

Obwohl wir eine Uhr geschaffen haben, die unsere Tage in Sekunden, Minuten und Stunden teilt, und obwohl unser gregorianischer Kalender unsere Jahre in 365 bzw. 366 Tage, 52 Wochen und zwölf Monate gliedert, liegt das Verstreichen der Zeit im Auge des Betrachters. Ihre Mitmenschen empfinden die Stunden eines Tages ganz anders, als sie es tun. Und auch für Sie selbst vergehen die Sekunden, die Minuten, die Stunden und Tage, ja sogar die Jahre manchmal schneller, manchmal langsamer.

Warten Sie zum Beispiel auf den Bus oder den Zug werden zwanzig Minuten schnell zu einer quälend langen Zeit, ein interessantes zwanzigminütiges Gespräch liegt allerdings sehr schnell hinter Ihnen. Sitzen Sie in einer langweiligen Vorlesung oder in einem uninteressanten Meeting kann Ihnen eine Stunde wie eine endlose Ewigkeit vorkommen. Sie blicken ungeduldig auf den Minutenzeiger der Uhr. Er scheint sich einfach nicht zu bewegen.

Stehen Sie jedoch unter Zeitdruck, ist eine Stunde oft wie im Fluge vergangen. Sie blicken auf den Minutenzeiger und können nicht glauben, dass dieser sich in den letzten Augenblicken so schnell fortbewegt hat.

Mit jedem vergangenen Moment schreitet unsere Zeit voran. Wir können die Zeit weder aufhalten noch Minuten oder Tage unseres Lebens einfach überspringen. Zeit ist der wohl bedeutendste Faktor unseres Lebens. Wir sind von ihr abhängig und sind doch nicht in der Lage, sie zu kontrollieren.

Doch eines vermögen wir zu tun. Wir können die Zeit, die uns gegeben ist, sinnvoll nutzen. Wir können uns jeden Tag, jede Stunde, jede Minute und Sekunde unseres Lebens nach Ernst Ferstls Worten ganz bewusst nehmen und die Zeit nach unseren Wünschen gestalten. In der Woche verbringen die meisten von uns den Großteil unseres Tages damit, Geld zu verdienen. Deshalb ist ein sinnvolles Nutzen der Arbeitszeit wichtig. Erledigen Sie Ihre Arbeit organisiert, bleibt Ihnen mehr Zeit für Familie, Freunde und Hobbys.

Im Studium und auch in vielen Berufen ist es längst nicht mehr so, dass die Arbeit nur an der verbrachten Zeit in der Universität oder im Büro gemessen wird. Vielmehr müssen Studenten und Arbeitnehmer gestellte Aufgaben erledigen. Dabei ist es egal, wann und wo Sie die Projekte erledigen. Wichtig ist nur die fristgerechte Abgabe der Arbeit.

Viele Arbeitgeber geben ihren Mitarbeitern deshalb heute die Freiheit, ihre Zeit vollkommen frei einteilen zu können. Viele Jobs werden von zu Hause aus erledigt. Feste Arbeitszeiten werden mehr und mehr abgeschafft.

Freie Zeiteinteilung klingt zunächst nach einem großen Plus für das eigene Dasein. So können Sie freitags frei nehmen, wenn es Ihnen gelungen ist, Ihre Arbeit von Montag bis Donnerstag zu erledigen. Doch das lange Wochenende kann nur der genießen, dem es gelungen ist, wirklich alle Aufgaben zur eigenen Zufriedenheit zu erfüllen.

Eine durchdachte Zeiteinteilung ist nur die eine Seite der Medaille. Um die Zeit, die Ihnen gegeben ist, wirklich effektiv nutzen und bewusst genießen zu können, sollten Sie den Fokus wahren.

Damit möchte ich Ihnen nicht nur nahelegen, stets konzentriert Ihre Aufgaben zu erledigen, sondern auch den Blick auf sich selbst und Ihr Inneres zu richten. Nur wenn Sie es schaffen, in sich zu gehen und zu erkennen, was Ihnen im Leben wirklich wichtig ist, werden Sie Ihre Zeit sinnvoll nutzen können und glücklich werden.

Mit diesem Buch möchte ich Ihnen deshalb Techniken an die Hand geben, die Ihnen dabei helfen, Ihre Zeit sinnvoll einzuteilen und den Fokus auf Ihre Tätigkeiten sowie sich selbst zu wahren.

Ich wünsche Ihnen viel Spaß beim Lesen und Umsetzen.

Matthias Brandt

Einleitung

„Die Menschen die niemals Zeit haben, tun am aller-wenigsten."

(Aus den Sudelbüchern des Physikers Georg Christoph Lichtenberg)

Sicher kennen Sie das: Der Tag neigt sich dem Ende zu. Sie haben den ganzen Tag gearbeitet, doch viel vorzuweisen haben Sie nicht. Das ist unbefriedigend und macht auf Dauer sehr unzufrieden. Denn Sie bekommen das Gefühl, wertvolle Zeit – manchmal sogar Ihr Leben zu verschwenden. Wenn auch Sie das Gefühl haben, die Tage seien zu kurz, Sie würden gerne produktiver sein, mehr leisten – mehr Ergebnisse bewirken und endlich Ihr Potenzial zu erreichen... Dann ist dieses Buch goldrichtig für Sie.

Grundvoraussetzungen für ein gutes Zeitmanagement, das es Ihnen erlaubt, nicht nur durch den Tag hetzen zu müssen, sondern diesen auch zu genießen: Ordnung, Planung und Prioritäten.

In diesem Buch werde ich Ihnen zeigen, wie Sie all diese Voraussetzungen erfüllen, um nicht mehr zu den Menschen gehören zu müssen, die niemals Zeit haben. Mit wenigen Schritten und binnen weniger Tage werden Sie Ordnung in Ihr Leben bringen und wertvolle Zeit (wieder) gewinnen.

Haben Sie einmal Ordnung geschaffen, schaffen Sie die Grundlage für ein gutes Zeitmanagement. Dieses Buch zeigt Ihnen Schritt für Schritt, wie Sie Ordnung in Ihrem Leben schaffen und mehr Zeit für Planung und Ergebnis haben. Ich erkläre Ihnen nicht nur anhand konkreter Beispiele, wie Sie Tages-, Wochen-, Quartals-, Jahres- und Lebenspläne aufstellen – sondern diese auch möglichst effektiv ans Ziel führen.

Mit der Lektüre dieses Buches verabschieden Sie sich endlich von Floskeln, die mit „Irgendwann werde ich ..." beginnen. Sie werden Ihre Träume und Wünsche bewusst in die Hand nehmen und sie durch einen klaren und geplanten Weg zielgerichtet verfolgen.

EINLEITUNG

Hören Sie auf, andere für die Erfüllung Ihres Lebenstraumes zu beneiden und beginnen Sie selbst damit, Tag für Tag nach Ihren Lebenszielen zu streben.

In diesem Buch zeige ich Ihnen einfache und wirksame Methoden, wie Sie die wichtigsten Aufgaben in Ihrem Arbeitstag und Ihrem Privatleben herausfiltern können und sich somit wirklich nur noch um die wichtigen Dinge bemühen.

Oft neigen wir nämlich dazu, unsere Zeit mit Dingen zu füllen, die uns unseren Zielen keinen Schritt näherbringen. Wir vermögen es nicht, Nein zu sagen oder Aufgaben zu delegieren. Verschwenden Sie endlich keine Zeit mehr und lernen Sie mit der Lektüre dieses Ratgebers alle Geheimnisse zur Zeitersparnis.

Haben Sie die Prioritäten gesetzt, Pläne erstellt, Aufgaben delegiert, fragen Sie sich vielleicht, wieso es Ihnen immer noch nicht gelingt, all Ihre Ziele zu erreichen.

In der zweiten Hälfte meines Buches möchte ich Ihnen deshalb zeigen, wie Sie es schaffen, den Fokus auf die wichtigen Dinge zu lenken und ihn dort zu halten. Wir leben in einer Welt der Ablenkungen. Die Werbung erzählt uns, was wir brauchen, um glücklich zu sein. Medien versuchen uns Meinungen und Lebenswünsche vorzugeben. Fokus ist der Schlüssel zum Glück. Hier lernen Sie, wie Sie diesen Schlüssel für sich gewinnbringend einsetzen und dank der Wunderwaffe Fokus im Beruf durchstarten und andere als auch sich selbst mit erstaunlichen Ergebnissen beeindrucken.

Dieses Buch liefert Ihnen detaillierte, verständliche und sofort umsetzbare Schritt für Schritt Anleitungen, wie Sie in Ihrem Leben endlich den Erfolg anziehen werden, den Sie sich bisher nur erträumt haben. Haben Sie den Mut, Großartiges zu bewirken. Erfolg ist planbar. Setzen Sie alles daran, zu der Persönlichkeit zu werden, die Sie schon immer sein wollten. Erfolgreich, glücklich, erfüllt – und ein Meister Ihrer Zeit. Ab jetzt zählen keine Ausreden mehr!

ZEIT

Das Ordnungsprinzip: Grundstein für effektives Zeitmanagement

„Wer die Welt in Ordnung bringen will,
gehe zuerst durchs eigene Haus!“

(Chinesisches Sprichwort)

Ihr direkter Weg zu einem guten Zeitmanagement in Beruf und Studium führt über die Ordnung in Ihren Unterlagen, Ordnern und Postfächern.

Ohne Ordnung werden Sie niemals konzentriert und sinnvoll arbeiten können. Wenn Chaos auf Ihrem Schreibtisch herrscht, überträgt sich dieses ganz schnell auf Ihr Denken und ihre Gefühle.

Wenn Sie am Morgen bereits in ein Büro kommen, und auf Ihrem Schreibtisch türmen sich die Akten, oder Ihre Ordner quellen über vor Unterlagen, wehren sich Gehirn, Geist und Körper sofort gegen die bevorstehenden Aufgaben. Ihnen wird es automatisch schwerfallen, Ihren Computer hochzufahren und an die Arbeit zu gehen.

Dabei ist Ihr Erfolg im Berufsleben von Ihrer inneren Einstellung bestimmt. Starten Sie jeden Tag motiviert und mit positiven Gedanken, werden Sie Ihre beruflichen Aufgaben mit Erfolg absolvieren.

Ein Berg voll unerledigter oder nicht richtig geordneter Unterlagen hingegen wird Sie bei Ihrer Arbeit hemmen und Ihren Arbeitsalltag mit negativen Gefühlen aufladen.

Haben Sie keinen Überblick über Ihre Unterlagen, verlieren Sie wertvolle Zeit, in der Sie nach Informationen und Dokumenten suchen. Der erste

Schritt für ein besseres Zeitmanagement im Beruf oder auch im Studium besteht deshalb darin, Ordnung an Ihrem Arbeitsplatz zu schaffen.

Dies gilt nicht nur für lose Zettel, die Ihren Schreibtisch belasten und die Ihrem Gehirn und Ihrer Seele das Gefühl geben, vor einem Berg von Arbeit zu stehen. Das gilt auch für die Unterlagen in Ihren Ordnern sowie für die digitalen Ordner und Programme auf Ihrem Computer.

Selbst die Utensilien auf Ihrem Schreibtisch sollten endlich einen festen und sinnvollen Platz erhalten. Nichts ist nerviger, als während eines Telefonats weder Zettel noch einen funktionierenden Kugelschreiber zur Hand zu haben. Das wirkt nicht nur unprofessionell, es raubt Ihnen auch wertvolle Zeit.

Ordnung ist das halbe Leben.

Ich selbst habe erfahren, wie viel Wahrheit in diesen Worten steckt. Wenn Sie Ordnung in Ihrem Arbeitsleben schaffen, legen Sie den Grundstein für ein sinnvolles und durchdachtes Zeitmanagement, das Ihr komplettes Leben vereinfachen wird.

Ihr Zeitplan kann noch so gut sein, finden Sie benötigte Unterlagen nicht oder haben Sie keinen Überblick über Ihre Aufgaben und Dokumente, werden Sie niemals organisiert arbeiten können.

Und oft passiert es sogar, dass die Bearbeitung eines zunächst undurchdringlich wirkenden Berges von Dokumenten zum absoluten Kinderspiel wird. Das zumindest habe ich erfahren, als ich mich dem Chaos auf meinem Schreibtisch und Computer endlich gestellt habe.

Das Sortieren Ihrer Unterlagen eignet sich übrigens nicht nur für Ihre Arbeits- oder Studienunterlagen. Auch wenn private Dokumente, wie Bankunterlagen, Krankenkassendokumente, Mietvertrag etc. an Ihrem Platz sind, sparen Sie wertvolle Lebenszeit.

Womöglich denken Sie jetzt, dass Sie mit dem Schaffen von Ordnung sinnvolle Arbeitszeit verlieren. Natürlich wird es Sie einige Zeit kosten, Ordnung in Ihre Unterlagen zu bringen. Doch glauben Sie mir. Der Aufwand wird sich lohnen. Die Stunden, die Sie beim Aufräumen verlieren, sparen Sie wieder ein. Denn das tägliche, minutenlange Suchen nach diesem einen Dokument hat ein Ende.

Bis zu zwanzig Minuten am Tag benötigt der durchschnittliche Angestellte mit der Suche nach Dokumenten. Auf die Fünftagewoche hochgerechnet sind das 100 Minuten. Auf den Monat hochgerechnet sind das circa 400 Minuten. Hochgerechnet auf das Jahr sind das 5000 Minuten. Also 83 Stunden bzw. 3,47 Tage.

Wir verbringen also bis zu dreieinhalb Tage im Jahr damit, Unterlagen zu suchen. Setzen Sie dieser Zeitverschwendung endlich ein Ende, indem Sie mit der Anleitung auf den folgenden Seiten Ordnung in Ihre Dokumente bringen.

Um Ordnung in Ihren Arbeitsalltag zu bringen bedarf es mehrerer Schritte. Ich empfehle Ihnen, sich jeden Tag einen der folgenden Tipps und Ausführungen vorzunehmen, um so Ihren Arbeitsplatz Schritt für Schritt organisiert zu gestalten und immer mehr wertvolle Zeit zu gewinnen. Wenn es Ihnen jetzt schon in den Fingern kribbelt, können Sie natürlich auch alle der folgenden Schritte an einem Tag ausführen. Das könnte Sie jedoch schnell überfordern.

Nichts ist schlimmer als den Inhalt eines Ordners auf dem Fußboden auszubreiten um ihn sortieren zu wollen und dann mittendrin aufzuhören, weil die Lust fehlt. Am nächsten Tag werden Sie Ihr Büro betreten und mit einem vollkommen negativen Gefühl an die Arbeit gehen, weil Sie das gestern entstandene Chaos hemmt.

Schritt 1: Lassen Sie den Zettel- und Ordnerhaufen auf Ihrem Schreibtisch verschwinden!

„Die Basis einer gesunden Ordnung ist ein großer Papierkorb."

(Zitat des deutschen Journalisten und Schriftstellers Kurt Tucholsky)

Lassen Sie uns zunächst einen Blick auf Ihren Schreibtisch werfen. Finden sich hier lose Zettel und Berge von Akten, stehen diese Ihrer Motivation und Ihrem Zeitmanagement im Weg.

Kommen Sie am Morgen an Ihren Arbeitsplatz und sehen diesen Stapel an zu erledigenden Dingen, der jegliche Motivation in Ihrem Inneren abtötet, wollen Sie sicher am liebsten direkt auf dem Absatz wieder kehrtmachen.

Ein riesiger Berg an Zetteln und Dokumenten sagt Ihrem Hirn nur eines: Vor mir liegt ein unbezwingbarer Berg unzähliger Aufgaben. Das muss nicht sein.

Als allerersten Schritt lassen Sie deshalb heute diesen Berg an Notizen und Unterlagen verschwinden. Damit meine ich natürlich nicht, dass Sie all die aufgestaute Arbeit sofort erledigen sollen. Das ist sicher nicht möglich. Und das Letzte, was ich will, ist Sie unter Druck zu setzen.

Vielmehr sollen Sie beginnen den Stapel so zu sortieren, sodass Sie einen Überblick erhalten, über die Dinge, die getan werden müssen. Oft finden sich in diesen Zettelhaufen auf dem Schreibtisch Dokumente oder Notizen, die entweder schnell erledigt werden können oder sofort im Papierkorb landen können.

Ich habe ein Ordnungsprinzip gefunden, **das funktioniert**: Gehen Sie jedes einzelne Dokument, jeden einzelnen losen Zettel durch. Bilden Sie Stapel. Einen für den Müll. Einen für die Dinge, die Sie ohne großen Aufwand und sofort erledigen können. Einen für Dokumente, die Sie in

Ordner einsortieren wollen und einen für die Dinge, die mehr Zeit in Anspruch nehmen werden.

Der erste Schritt ist getan. Wenn Sie den Stapel, der für den Müll bestimmt ist, in die Tonne werfen, genießen Sie diesen Akt. Sie werden feststellen, wie befreiend es wirkt, wenn Sie diesen Ballast aus Papier loswerden.

Genauso verfahren Sie mit den Dingen, die Sie gleich erledigen können. Erledigen Sie diese. Tätigen Sie die Telefonate. Schreiben Sie die E-Mails. Dann schmeißen Sie die Notizen, die Sie nicht mehr benötigen, mit Genuss weg. Schreien Sie „Hurra“ mit jedem Zettel, der verschwindet. Und nun schauen Sie sich um. Fühlen Sie dieses befreiende Gefühl? Ich spüre immer eine Last von mir gehen, habe ich eine Aufgabe erledigt und kann die benötigten Unterlagen wieder zurückstellen oder Notizen entsorgen.

Das gilt im Übrigen nicht nur für Ihren Arbeitsplatz oder Unterlagen fürs Studium. Auch wenn Sie sich privat um Ihre Steuern, um Angelegenheiten mit der Krankenkasse oder Ihrer Bank kümmern müssen, kann ein aufgeräumter heimischer Schreibtisch Wunder bewirken.

Nun gehen wir aber noch einmal zurück zu den gebildeten Stapeln. Zwei sind noch übrig. Die Dokumente, die Sie in Ordner einsortieren können, sollten Sie an der passenden Stelle in Ihrem Aktenschrank einsortieren. Am besten ist es, Sie tun das immer gleich.

Ein Dokument, das Sie nicht unmittelbar brauchen, hat auf Ihrem Schreibtisch nichts verloren. Sortieren Sie es immer gleich in den passenden Ordner.

Und wenn Sie den Ordner einmal zur Hand haben, schenken Sie ihm beim Durchblättern ein wenig Beachtung. Sie müssen nicht jedes einzelne Dokument im Ordner durchgehen. Aber sicher finden Sie den einen oder anderen Zettel, den Sie nicht mehr benötigen und können diesen entsorgen.

Das sollten Sie jedes Mal tun, wenn Sie einen Ordner zur Hand nehmen. So gelingt es Ihnen nach und nach, sich von belastenden und überflüssigen Dokumenten zu befreien.

Um so weniger Sie besitzen, um so besser wird es Ihnen gelingen, den Überblick zu behalten. Und haben Sie den vollen Überblick über all Ihre Angelegenheiten, gewinnen Sie wertvolle Zeit, da Sie keine kostbaren Lebensmomente mehr mit dem Suchen von Unterlagen verschwenden. Der letzte verbleibende Haufen ist der Wichtigste. Hier haben Sie alle Dokumente gesammelt, die Sie noch benötigen, um größere Projekte zu erledigen.

Auch in diesen Stapel sollten Sie Ordnung bringen. Sortieren Sie die Unterlagen den verschiedenen Aufgaben zu. Sie können dazu ein Ablagesystem verwenden. Das bringt Übersicht in die zu erledigenden Projekte. Wenn Sie nur einen Stapel mit demnächst benötigten Dokumenten zu verschiedenen Projekten vor sich haben, werden Sie diesen immer wieder durchblättern müssen.

Ist der „Wichtig-Stapel“ aber nach Projekten geordnet, verschwenden Sie keine wertvolle Zeit mit dem Suchen von Unterlagen. Sie haben immer gleich die passenden Dokumente zum passenden

Projekt griffbereit und sparen damit wertvolle Minuten, die Sie mit effektivem Arbeiten füllen können.

Sie können die wichtigen Unterlagen auch noch einmal nach Prioritäten ordnen. Natürlich sind alle der enthaltenen Dokumente wichtig, sonst würden Sie sich nicht auf diesem Stapel befinden. Aber auch wichtige Unterlagen lassen sich noch einmal nach Prioritäten ordnen.

Die Unterlagen für die Aufgabe, die Sie am dringendsten erledigen müssen, legen Sie in Reichweite. Dokumente und Notizen für Aufgaben, deren Erledigung nicht höchste Dringlichkeitsstufe hat, können etwas weiter weg. Aber immer noch sollten Sie schnell griffbereit sein.

Ordnen Sie Ihre Unterlagen nach diesen Prinzipien, haben Sie sogar bereits einen groben Plan für die folgende Zeit erstellt. Denn Sie arbeiten Ihre Unterlagen nach Dringlichkeit und Priorität ab.

Schritt 2: Sortieren Sie die Utensilien auf Ihrem Schreibtisch!

„In einem aufgeräumten Zimmer ist auch die Seele aufgeräumt."

(Zitat des österreichischen Arztes Ernst Feuchtersleben)

Ihr direkter Weg zu mehr Zeitgewinn führt über die Ordnung auf Ihrem Schreibtisch. Ihre Unterlagen türmen sich nicht mehr auf Ihrem Arbeitsplatz. Damit können Sie Ihre bevorstehenden Aufgaben nun nach und nach stapelweise arbeiten.

Unordnung in Ihren Unterlagen ist es jedoch nicht allein, was Sie vom effektiven Arbeiten abhält. Auch Ihre Utensilien sollten sinnvoll angeordnet sein. Und Dinge, die Sie nicht brauchen, belasten Ihren Arbeitsalltag unnötig. Und noch viel mehr - ein unaufgeräumter Schreibtisch belastet auch Ihre Seele.

Nehmen Sie sich also nach dem Ordnungsprinzip in einem zweiten Schritt alle Hilfsmittel auf Ihrem Schreibtisch vor und sortieren Sie diese sinnvoll.

Der Klassiker unter dem unnötigen Ballast auf Schreibtischen sind nicht funktionierende Kugelschreiber. Oft finden sich Gläser oder Becher mit unzähligen Stiften auf den Schreibtischen dieser Welt. Die meisten dieser Stifte haben meist schon lange ausgedient.

Wir Menschen neigen dazu, uns mit solch unbrauchbaren Gegenständen den Alltag unnötig schwierig zu gestalten. Meist stecken wir einen Kugelschreiber, der nicht mehr schreibt, einfach in den Stiftbecher zurück. Auch ich habe mich in der Vergangenheit bei einem solchen Verhalten erwischt.

Dabei wäre es doch so viel sinnvoller, den Kugelschreiber einfach in den Müll zu werfen. Sie schlagen mit dem Entsorgen nicht schreibender

Stifte zwei Fliegen mit einer Klappe. Nie wieder werden Sie wertvolle Sekunden verlieren, weil Sie versuchen mit dem nicht schreibendem Stift etwas zu notieren.

Zum anderen befreien Sie sich von Ballast. Sie werden sich mit jedem Utensil, das keinen Nutzen hat, und das Sie deshalb entsorgen, frei machen. Diese Freiheit hilft Ihnen sich an Ihrem Arbeitsplatz wohler zu fühlen und damit effektiver zu arbeiten.

Lassen Sie den Ballast an Ihrem Arbeitsplatz nicht zum Hindernis für ein gutes Zeitmanagement werden. Befreien Sie sich einfach von dem Problem, indem Sie noch heute beginnen, Ihren Schreibtisch zu entrümpeln.

Den ganzen Schreibtisch an einem Tag von allem unnötigen Ballast zu befreien, kann ein großes Unterfangen sein. Vielleicht etwas zu groß. Nehmen Sie sich dem Aufräumen Ihres Arbeitsplatzes lieber Stück für Stück an.

Beginnen Sie am besten mit der Tischplatte. Hier sehen Sie am Ende den Erfolg am deutlichsten. Entrümpelte Schubladen werden nur beim Öffnen sichtbar. Ihre Tischplatte ist aber das Erste, das Sie wahrnehmen, nehmen Sie am Morgen den Platz an Ihrem Schreibtisch ein.

Auf der Tischplatte Ihres Arbeitsplatzes sollten nur Utensilien stehen, die Sie wirklich Tag für Tag brauchen. Umso mehr Freiraum Sie auf der Tischplatte haben, umso besser können Sie sich entfalten und umso effektiver können Sie jede Minute eines Arbeitstages nutzen.

Außer den Ablagen mit Ihren wichtigsten Unterlagen sollten also nur tagtägliche Helfer auf Ihrer Tischplatte stehen. Drucker, Locher, Hefter, Kugelschreiber, Bleistift, Textmarker – viel mehr sollte es nicht sein, das auf Ihrer Tischplatte abgelegt bzw. abgestellt ist. Alles, was Sie nicht tagtäglich benötigen, packen Sie in eine Kiste, um es später in den Schubladen oder Fächern von Schreibtisch oder Schrank unterzubringen.

Ist Ihre Schreibtischplatte aufgeräumt, halten Sie kurz inne und freuen Sie sich über den Fortschritt. Sie haben gerade wertvolle Arbeitsminuten gewonnen, weil Ihnen unnötige Utensilien nicht mehr im Wege herumstehen, wenn Sie Ihre Dokumente auf dem Schreibtisch ausbreiten wollen. Haben Sie noch Energie, beginnen Sie mit einem der Fächer in Ihrem Schrank oder unter Ihrem Schreibtisch.

Sortieren Sie hier Utensilien, die Sie schon länger als einen Monat nicht mehr benutzt haben aus. Sind Sie nicht sicher, ob Sie sie je wieder benötigen, bewahren Sie diese in einer Kiste auf. Wenn Sie über drei weitere Monate den Gegenstand nicht vermissen, können Sie ihn entsorgen oder verschenken.

Arbeitsmittel, die Sie oft benötigen, verwahren Sie griffbereit. Utensilien, die weniger oft zum Einsatz kommen, können weiter hinten im Schubfach verstaut werden.

Ebenso verfahren Sie mit jedem Schubfach und Regal in Ihrem Büro. Die investierte Zeit werden Sie innerhalb weniger Wochen wiedergewinnen. Denn jede Suchaktion, die Sie durch Aufräumen bereits im Keim ersticken, verschafft Ihnen wertvolle Lebenszeit. Ein geordneter Arbeitsplatz ist Grundlage eines effektiven Arbeitsalltags.

Die Kunst eines dauerhaften, effektiven Zeitmanagements ist das Bewahren der bestehenden Ordnung.

Ein langfristiger Erfolg des Ordnungsprinzips ist nur möglich, wenn die geschaffene Ordnung nach wenigen Wochen nicht gleich wieder passé ist. Stellen oder legen Sie jedes Utensil an dessen festen Ort zurück. Hat jeder Stift, die Klammern zum Nachfüllen Ihres Hefters, die Büroklammern und das Druckerpapier einen festen Ort, sparen Sie tagtäglich wertvolle Lebenszeit.

Arbeiten Sie in einem Büro mit mehreren Leuten zusammen, kommunizieren sie mit Ihren Kollegen über die festen Orte Ihrer Arbeitsmaterialien, damit auch diese die Dinge dorthin zurück räumen, wo sie hingehören.

Schritt 3: Arbeiten Sie mit einer Notizensammlung!

„Notiert euch alle sofort: Eine Notiz ist eine Karrenladung Gedächtnis wert.“

(Zitat des US-amerikanischen Schriftstellers Ralph Waldo Emerson)

Besonders undurchsichtig und damit Gefahr für ein gutes Zeitmanagement sind lose herumliegende Zettel. Manchmal notieren wir wichtige Informationen, wie Telefonnummern von Kunden oder Termine auf diesen. Vielleicht haben Sie gerade Ihren Terminplaner nicht zur Hand und können den Termin nicht gleich im Kalender erfassen. Das ist kein Beinbruch. Es ist kein Problem, Informationen auf einem losen Zettel zu notieren.

Wir alle neigen dazu, Informationen, die wir während eines Telefonats oder bei einem Meeting festhalten wollen, auf einem Notizblock oder Zettel niederzuschreiben. Notizen, die auf diese Weise vorgenommen werden, müssen für ein effektives Zeitmanagement unbedingt gesichert werden. Eine Notiz ist schließlich nach Emersons Worten **„eine Karrenladung Gedächtnis wert“**.

Um sicherzustellen, dass Sie in Ihrem Tagesverlauf nichts Wichtiges übersehen oder dass Informationen nicht verloren gehen, benötigen Sie ein gutes Ablagesystem für Ihre Notizen.

Ich für meinen Teil habe mir einfach eine Pinnwand zugelegt. Hier bewahre ich alle losen Zettel auf, die im Laufe eines Tages entstehen. Sobald ich eine Information auf einen Zettel geschrieben habe, pinne ich ihn an die Korkwand. So geht keine Information verloren.

Am Ende eines jeden Arbeitstages gehe ich alle Notizen an meiner Pinnwand durch. Kann ich die Information an anderer Stelle gebrauchen, übertrage ich die Information. Die Telefonnummer eines Kunden, mit dem ich bald einen Termin habe, notiere ich in meinem Terminkalender.

Telefonnummern, die ich öfter benötige, schreibe ich in meiner alphabetisch geordneten Telefonliste nieder. Informationen zu Projekten oder Aufträgen sortiere ich in den passenden Ordner im Schrank oder ich digitalisiere Sie im passenden Ordner auf meinem Rechner. An meiner Pinnwand bleiben nur Zettel mit Informationen, die ich jederzeit griffbereit haben muss.

Die wichtigsten beruflichen und privaten Telefonnummern finden sich an meiner Pinnwand, wichtige Firmeninfos und Informationen, die eigentlich in meinen Kopf sein müssten. Umso öfter ich sie am Tag an meiner Pinnwand sehe, umso leichter kann ich mir diese merken. Eine Pinnwand wird so nicht nur zur Sammelstelle von Informationen. Sie visualisiert auch die wichtigsten Informationen, damit Sie diese nach und nach auswendig lernen können. Haben Sie eine Information tagtäglich vor Augen, wird sich diese früher oder später in Ihrem Gedächtnis verhaften.

Ich habe für mich festgestellt, dass eine Pinnwand für mich der beste Sammelpunkt für Informationen ist. Vielleicht kommen Sie mit einer Ablage für Ihre Notizen besser zurecht, weil Sie die Informationen an der Pinnwand zu sehr von Ihrer Arbeit ablenken. Dann entgeht Ihnen aber der Lerneffekt.

Vielleicht probieren Sie beide Systeme für sich aus und können so feststellen, was besser für Sie funktioniert. Entscheidend ist es, den Schreibtisch frei von Unterlagen, Utensilien und Notizen zu halten. Häufen sich diese nach wenigen Tagen wieder an, dann war all Ihre Mühe umsonst. Das Ordnungsprinzip sollten Sie möglichst Ihr Leben lang beibehalten, um langfristig davon profitieren zu können.

Befolgen Sie die drei erläuterten Schritte, haben Sie für alles an Ihrem Arbeitsplatz ein durchdachtes Ablagesystem. Nutzen Sie es! Sowohl für bestehende als auch für neue Dokumente und Notizen.

Profitieren Sie von den Weisheiten des Ordnungsprinzips und optimieren Sie Ihren Alltag mittels eines geordneten Umfelds. Sind im Aktenschrank alle Dokumente an Ihrem Platz, sparen Sie wertvolle Zeit. Sind auf Ihrem Schreibtisch alle Utensilien an ihrem Platz, haben Sie alles blitzschnell zur Hand.

Haben Sie einen Überblick über alle Aufgaben, die Sie erledigen müssen, können Sie diese schneller ausführen. Liegen alle noch benötigten Akten in einer beschrifteten Ablage, haben Sie diese sofort griffbereit. Sind alle Notizen an einer Pinnwand oder einem Whiteboard vereint, suchen Sie nie wieder nach Informationen.

Das Ordnungsprinzip können Sie auch im privaten Bereich anwenden. Nehmen Sie sich in Ihrem Haus jeden Schrank Fach für Fach vor und bringen Sie Ordnung in Ihr Privatleben.

Überlegen Sie, wann Sie die gefundenen Objekte das letzte Mal verwendet haben. Sicher finden Sie gar Dinge, von denen Sie gar nicht mehr wussten, dass Sie sie besitzen. Dann weg damit! Werden Sie Dinge, die Sie nicht benötigen, los. So werden Sie sich zum einen von unnötigem Ballast befreien. Und zum anderen werden Sie wertvolle Zeit sparen!

Dinge, die Sie oft benötigen, verwahren Sie griffbereit. Dinge, die Sie nicht oft benötigen, können sie weiter weg lagern. Arbeiten Sie wie in Ihrem Aktenschrank mit Beschriftungen und Ablagesystemen! Dann können Sie Dinge schneller finden und sparen wiederum Zeit.

Und legen Sie wie in Ihrem Büro Dinge, immer an den Platz zurück, an den Sie gehören. Seien Sie einmal ehrlich zu sich selbst: Wie oft haben Sie Schlüssel, Handy oder Portemonnaie schon gesucht? Finden Sie feste Plätze für Ihre Alltagsgegenstände und hören Sie endlich auf, wertvolle Zeit zu verschwenden! Bringen Sie endlich Ordnung in Ihr Leben und legen Sie so die Grundlage für ein gutes Zeitmanagement, mit dem Ihnen Zeit für die Dinge bleibt, die Ihnen wirklich wichtig sind!

Bezüglich Ihrer Notizen möchte ich Ihnen noch einen sehr wichtigen Tipp mit an die Hand geben. Fällt Ihnen etwas ein, das Sie erledigen möchten, egal ob es privater oder beruflicher Natur ist, dann notieren Sie es gleich! Viel zu schnell haben Sie Einfälle wieder vergessen.

Schritt 4: Bringen Sie Ordnung in Ihre digitalen Unterlagen!

„Ordnung und Vereinfachung sind die ersten Schritte zur Bewältigung eines Gegenstandes."

(Zitat des deutschen Schriftstellers Thomas Mann)

Sie haben Ordnung auf Ihrem Schreibtisch und in Ihren privaten Unterlagen geschaffen. Täglich wird das Ihnen das einige Minuten freie Zeit verschaffen, denn Sie wühlen sich nicht mehr durch Ordner und suchen nicht mehr nach losen Notizen, die Sie irgendwo auf Ihrem Schreibtisch abgelegt haben.

Einen Großteil unserer Unterlagen türmen sich heute aber gar nicht mehr in Form von Papier vor uns. Die meisten Dokumente haben wir in irgendwelchen Ordnern auf unseren Festplatten abgespeichert.

Haben Sie für Ihre digitalen Unterlagen nicht von Anfang an ein sinnvolles Ablagesystem geschaffen, werden Sie auch auf der Suche nach Dateien wertvolle Zeit vergeuden. Ich kann Ihnen deshalb nur raten, falls Sie Ihre digitalen Dateien nicht akribisch geordnet haben, das schnellstens nachzuholen.

Fahren Sie am Morgen Ihren Rechner hoch und sehen als allererstes den mit unzähligen Symbolen zugepflasterten Desktop, überfordern Sie Ihren Geist bereits vor dem ersten Arbeitsschritt.

Finden sich aber nur die wichtigsten Ordner und Programme auf Ihrem Startbildschirm und können noch einen Blick auf Ihren persönlichen Hintergrund werfen – vielleicht ein schönes Urlaubsbild aus dem vergangenen Jahr – dann werden Sie bewusst und unterbewusst viel motivierter in den Arbeitstag starten.

Schritt eins beim Aufräumen Ihrer digitalen Unterlagen ist das Bereinigen Ihres Desktops.

Packen Sie einzelne Dokumente in passende Ordner. Beschriften Sie diese mit sinnvollen Namen. Vielleicht geben Sie das Jahr an. Vielleicht den genauen Arbeitsbereich. Werden Sie nicht zu spezifisch, aber halten Sie die Bezeichnungen auch nicht zu unspezifisch.

Sind Sie beispielsweise Journalist für ein Monatsmagazin, dann sortieren Sie Ihre Unterlagen nach den Ausgaben. Geben Sie das Jahr und die Ausgabenummer bzw. den Monat an.

Arbeiten Sie an verschiedenen Projekten, dann ordnen Sie die dazugehörigen Dateien in verschiedene Ordner ein. Benennen Sie auch hier Ihre Ordner sinnvoll. Wählen Sie den Namen des Projekts und das Jahr, an dem Sie es erarbeitet haben. Nachdem Sie Ihren Desktop aufgeräumt haben, sehen Sie die anderen Unterlagen durch. In unseren digitalen Ablagen finden sich immer Dateien, die gelöscht werden können.

Haben Sie einige Dokumente gefunden, bei denen Sie unsicher sind, ob Sie diese noch brauchen können, dann legen Sie diese Dateien gesondert in einem Ordner mit dem Namen „Sonstiges“ ab.

Privates und Berufliches sollten Sie auf Ihrem Rechner trennen. Gerade, wenn Sie Ihren Laptop für Privates und Berufliches zugleich nutzen, sollten Sie sich ein paar Grenzen setzen, damit Sie in Ihrer Freizeit wirklich abschalten können.

Ich habe diese Trennung strikt auf meinem Desktop vorgenommen. Auf der linken Seite finden sich alle privaten Unterlagen. Rechts finden sich alle Dokumente, an denen ich beruflich arbeite.

Haben Sie Ordnung auf Ihrem Rechner geschaffen, gilt es digital genauso wie mit den Unterlagen auf Ihrem Schreibtisch. Halten Sie diese Ordnung! Erstellen Sie ein neues Dokument oder bekommen Sie ein neues Dokument zugesandt, dann speichern Sie es gleich am richtigen Ort ab.

Gehen Sie einmal alle zwei Monate Ihre digitalen Unterlagen durch und werfen Sie Dateien, die Sie nicht mehr brauchen, in den Papierkorb! So behalten Sie den Überblick und Ihre Festplatte freut sich über den Freiraum.

Haben Sie Ordnung in Ihre Unterlagen auf dem Schreibtisch, im Aktenschrank und auf Ihrem Rechner geschaffen, haben Sie Ihrer Arbeit und Ihrem Leben Struktur gegeben. Sie werden bemerken, wie Ihnen die Planung Ihrer Aufgaben mit Ihren neu organisierten Unterlagen viel leichter fallen wird.

Das Planungsprinzip:
Mit Weitsicht durch den Arbeitsalltag

„Die Welt tritt zur Seite, um jemanden vorbeizulassen, der weiß wohin er will.“

(Zitat des 1. Präsidenten der Stanford Universität David Starr Jordan)

Sie haben den ersten Schritt zu einem sinnvollen Zeitmanagement getan. Ihre Unterlagen, Ihr Schreibtisch, Ihr Leben ist geordneter. Sie sparen viel wertvolle Zeit, weil Sie nach Dokumenten und Arbeitsutensilien nicht länger suchen müssen. Doch das ist nur die Spitze des Eisbergs. Sie haben Struktur in Ihre Unterlagen und Ihren Arbeitsplatz gebracht. Nun müssen Sie Struktur in Ihren Arbeitsalltag bringen.

Mit Tages-, Wochen-, Monats-, Quartals- und Lebensplänen wird es Ihnen einfacher fallen, Ihre Ziele klar zu definieren und Ihnen zu folgen. Damit die Welt zur Seite tritt, um Sie, die Sie Ihre Ziele klar vor Augen haben, vorbeizulassen.

Oft fällt uns gar nicht auf, welche Aufgaben sehr viel Zeit in Anspruch nehmen. Unterschätzte Zeitfresser sind das Durchsehen und Beantworten von E-Mails und das Verzetteln in unwichtige Kleinigkeiten. Um Ihnen deutlich zu machen, wie viel Zeit verschiedene Tätigkeiten fressen können, gebe ich Ihnen ein paar Beispiele aus dem alltäglichen Leben.

---

41 Stunden und damit **fast zwei ganze Tage** im Jahr verschwendet der deutsche Autofahrer damit, einen Parkplatz zu suchen. 76 Tage ihres Lebens wühlt die durchschnittliche Frau in ihrer Handtasche. Und zwei Wochen im Jahr verschwendet der durchschnittliche Deutsche auf der Suche nach Dokumenten.

Diese Zahlen wirken auf Sie mit Sicherheit ebenso erschreckend wie auf mich. Wir verschwenden tagtäglich wertvolle Lebenszeit. Da Sie bereits das Ordnungsprinzip in Ihr Leben integriert haben, gewinnen Sie schon einmal wertvolle Lebenszeit.

Doch ich garantiere Ihnen, dass Sie noch sehr viel mehr Zeit herausholen können, wenn Sie die folgenden Tipps und Strategien gewinnbringend anwenden.

Lassen Sie uns einen Blick auf Ihren Arbeitsalltag werfen. Viele Menschen denken, Sie würden jede Minute Ihrer Arbeitszeit sinnvoll nutzen. Dabei verschwenden Sie viel wertvolle Zeit, ohne es zu bemerken. Auch mir ist es so ergangen, bevor ich ein sinnvolles Zeitmanagement in mein Leben gebracht habe...

Schritt 1: Lernen Sie, sich selbst einzuschätzen!

„Die gerechte Schätzung unserer selbst kann als Wurzelsaft und Urquell jedes lobenswerten und würdigen Unternehmens betrachtet werden.“

(Zitat des englischen Schriftstellers und Diplomaten John Milton)

Ehrlich zu uns selbst zu sein ist ein schweres Unterfangen. Denn uns fehlt es an Abstand, den ein Beobachter benötigt, um ein richtiges Urteil fällen zu können.

Wir neigen dazu, unsere Fähigkeiten und unsere Arbeitsweise zu unter- oder überschätzen. Doch ein gutes Zeitmanagement benötigt gerade das – eine reale Selbsteinschätzung. Ohne zu wissen, wie viel wir schaffen können, nehmen wir uns schnell zu viel oder auch zu wenig vor.

Um herauszufinden, ob Sie Ihre Effektivität richtig einschätzen, müssen Sie lernen, sich selbst aufmerksam zu beobachten. Versuchen Sie aus sich herauszutreten und Ihre Tätigkeiten als objektiver Beobachter zu erfassen. Urteilen Sie nicht über das, was Sie beobachten. Halten Sie es einfach nur fest. Wenn Sie also Ihren nächsten Arbeitstag beginnen, nehmen Sie einmal Stift und Zettel zur Hand und notieren Sie genau für welche Tätigkeiten Sie wie viel Zeit benötigen. Wichtig ist es, dass Sie ehrlich zu sich selbst sind.

Mit dem Hochfahren Ihres Laptops oder Rechners beginnen Sie also damit, genau zu notieren, was Sie machen und wie viel Zeit die jeweilige Aufgabe in Anspruch nimmt.

Wie lange benötigen Sie für das Lesen Ihrer E-Mails, wie lange benötigen Sie für gewisse Aufträge, wie viel Zeit verbringen Sie im Meeting, wie viel Zeit vergeht bei der Kommunikation mit Ihren Kollegen, wie viel Zeit verbringen Sie am Telefon etc. Sie können auch Hilfsmittel nutzen, um das Erfassen Ihres Arbeitsalltags ein wenig zu vereinfachen.

Apps für Smartphone und Tablet können anzeigen, wie viel Zeit Sie bestimmte Programme, Websites oder Dokumente geöffnet und genutzt haben. Mittlerweile gibt es auch ein kleines Gerät, das bei der Zeiterfassung sehr hilfreich sein kann.

Der Zei° Timular ist ein achteckiger Würfel, den Sie je nach Tätigkeit auf die entsprechende Seite legen können. Er erfasst dann genau, wie viele Minuten Sie für das Lesen von E-Mails, fürs Telefonieren, fürs Recherchieren, fürs Schreiben von Berichten oder Artikeln etc. benötigen. Zu Beginn geht es bei der Zeiterfassung, egal ob Sie es ganz klassisch mit Zettel und Stift oder mit Hilfsmitteln tun, nur darum, die Zeiten genau festzuhalten. Urteilen Sie erst einmal nicht darüber und versuchen Sie nicht etwas an Ihrem Alltag zu ändern. In der ersten Phase geht es nur um das Beobachten und genaue Notieren.

Haben Sie die Zeiten über einen bestimmten Zeitraum erfasst, können Sie beginnen erste Schlüsse zu ziehen. Beim Auswerten wird Ihnen schnell klar werden, bei welchen Aufgaben Sie unnötig wertvolle Zeit opfern.

Vielleicht sind Sie erstaunt, oder geradezu schockiert, wie viel Zeit manche alltäglichen Aufgaben in Anspruch nehmen.

Lassen Sie sich jedoch nicht unterkriegen. Sie halten den Schlüssel für ein besseres Zeitmanagement in den Händen. Befolgen Sie die folgenden Ratschläge, werden Sie sich schon bald viel weniger Zeitdruck ausgesetzt sehen, viel produktiver arbeiten und viel mehr Zeit am Ende eines Arbeitstages für sich und Ihre Liebsten gewinnen.

Schritt 2: Stellen Sie einen allgemeinen Tagesplan für Ihren Arbeitsalltag auf!

„Wer von seinem Tag nicht zwei Drittel für sich selbst hat, ist ein Sklave!"

(Zitat des Philosophen Friedrich Nietzsche)

Lassen Sie den Tag wie einen Bach, der kontinuierlich immer nur in die gleiche Richtung fließt, nur vor sich hinplätschern, werden Sie die Aufgaben eines Tages niemals effektiv bewältigen können.

Sie werden der Zeit immer hinterherhinken und unglücklich werden, da Sie viel mehr Zeit mit unwichtigen Aufgaben verbringen und für die Dinge, die Ihnen wirklich wichtig sind, keine Zeit haben.

Mit einem allgemeinen Tagesplan bringen Sie Struktur in Ihren Arbeitsalltag. Sie teilen Ihren Tag in Abschnitte ein, in denen Sie Geplantes ausführen und so die Zeit so nutzen, wie Sie es wollen. Die Zeiger der Uhr werden Sie nicht länger überholen, denn Sie werden der Zeit immer einen Schritt voraus sein.

Unser Gehirn ist im Arbeitsalltag durchweg gefordert. Manchmal fällt es uns leicht, Sachverhalte schnell zu erfassen und Aufgaben zu erledigen. Doch im Laufe des Tages wird unser Gehirn, genau wie wir selbst von Erschöpfung und Müdigkeit heimgesucht. Niemand vermag es, acht Stunden am Stück durchzuarbeiten.

Ein essenzieller Schritt auf dem Weg zu einem optimalen Zeitmanagement ist die Einteilung des Arbeitstages in sinnvolle Abschnitte.

Verschiedene Studien haben ergeben, dass unser Gehirn am besten in Intervallen von 90 Minuten arbeitet. Universitäten machen sich diese Studien zunutze. Eine Vorlesung oder ein Seminar dauert immer genau 90 Minuten. Danach ist den Studenten und Lehrenden eine Pause vergönnt. Nach diesem Vorbild sollten auch Sie Ihren Tag einteilen. Welche Tätigkeit Sie zu welchem Zeitpunkt machen, ist jedoch ganz individuell von Ihnen abhängig.

Sind Sie am Morgen bereits sehr fit und produktiv, sollten Sie nicht als erstes Ihre Mails checken. Widmen Sie sich lieber der wichtigsten Aufgabe, die Sie gerade zu bearbeiten haben. Nach neunzig Minuten machen Sie eine fünfzehn bis zwanzigminütige Pause, in der Sie vielleicht einen Kaffee oder Tee trinken und vor allem nicht an die gerade ausgeführte Tätigkeit denken. Machen Sie eine aktive Pause! Während Ihres Tages müssen Sie immer wieder ein paar Minuten finden, in denen Sie wirklich abschalten können. Ohne Pausen werden Sie nicht effektiv arbeiten können. Haben Sie sich erholt, können Sie weitere Erledigungen in Angriff nehmen. Arbeiten Sie wieder neunzig Minuten an einer Sache.

Ihr Gehirn ist viel produktiver, kann es sich vollkommen auf eine Sache konzentrieren. Der Schlüssel zum Erfolg heißt **Monotasking.**

Über einen langen Zeitraum war das Wort Multitasking in aller Munde. Menschen mit dieser Gabe wurde nachgesagt besonders organisiert zu sein. Ich habe die Erfahrung gemacht, dass es zielführender ist, sich einer Aufgabe mit voller Konzentration zu widmen. Auch Sie werden feststellen, dass eine Sache besser gelingt, fokussieren Sie sich voll und ganz auf sie.

Haben Sie nun die zwei 90-minütigen Arbeitsblöcke hinter sich und ist es Ihnen gelungen, in diesen wirklich konzentriert zu arbeiten, wird Sie sicherlich ein Gefühl des Stolzes überkommen. Es ist gerade erst Mittagszeit und Sie haben bereits eine ganze Menge, ja vielleicht sogar das Wichtigste des Tages erledigt.

Es wird Zeit für eine nächste Pause. Vielleicht haben Sie Hunger und gehen etwas essen. Beim Essen ist es unglaublich wichtig, dieses nicht nebenbei zu erledigen. Essen Sie bewusst und nicht am Schreibtisch, während Sie Mails beantworten oder andere Dinge erledigen. Genießen Sie Ihre Pause. Sie haben es sich verdient.

Nach dem Mittagessen sind Sie vielleicht etwas müde, weil Ihr Körper mit dem Verdauen der Speisen beschäftigt ist. Jetzt wäre ein guter Zeitpunkt Ihre Mails zu checken. Das Lesen ihrer digitalen Post benötigt nicht so viel Konzentration wie das Arbeiten an Aufträgen. Deshalb ist es sinnvoll, dies zu einem Zeitpunkt zu tun, an dem Sie etwas müde und erschöpft sind. Für manche kommt dieses Tief nach dem Mittagessen. Für andere ist es früh schwer, sich zu konzentrieren.

Gehören Sie zu den Menschen, die am Morgen noch nicht allzu produktiv sind, dann lesen Sie Ihre Mails gleich frühmorgens, wenn Sie an Ihren Arbeitsplatz kommen. Für gewisse Aufgaben sollten Sie sich zudem ein Zeitlimit setzen. Wenn Sie beim ersten Schritt festgestellt haben, dass Sie viel Zeit für das Beantworten Ihrer Mails benötigen, dann setzen Sie sich für die tägliche E-Mail-Korrespondenz ein Limit von maximal einer Stunde,

Auf diese Weise lesen Sie alle Nachrichten durch und antworten nur auf die Mails, auf die Sie wirklich antworten müssen. Und das freundlich, aber kurz und bestimmt. So halten Sie sich nicht mit langen Überlegungen hinsichtlich Formulierungen auf.

Sie sollten sich an die vorgegebenen Zeitvorgaben unbedingt halten. Das hilft Ihnen, Aufgaben, bei denen Sie sich schnell verzetteln, kontrollierter und effektiver zu bewältigen.

Ein weiterer Schritt auf dem Weg zu einem guten Zeitmanagement ist der Einbau einer stillen Stunde. Wählen Sie sich eine Stunde Ihres Tages aus. Eine Stunde, in der Sie erfahrungsgemäß sehr fit und produktiv sind, und erledigen Sie wichtige Aufgaben, ohne sich stören zu lassen.

Schalten Sie den Anrufbeantworter ein, die Benachrichtigungen Ihres Handys und E-Mail-Programms aus und kommunizieren Sie, wenn es möglich ist, sogar Ihren Kollegen, dass Sie in dieser Zeit nur in wirklich dringenden Notfällen gestört werden möchten.

Sie werden erstaunt sein, wie viele wichtige Aufgaben Sie während der stillen Stunde bewältigen können.

Schritt Für Schritt Checkliste für das Planungsprinzip:

- [ ] Teilen Sie Ihren Tag in Abschnitte ein, die nicht länger als neunzig Minuten sind
- [ ] Planen Sie aktive Pausen ein
- [ ] Widmen Sie sich während eines Abschnitts nur einer Sache! (Monotasking)
- [ ] Halten Sie sich an vorgegebene (Zeit–)Limits
- [ ] Beachten Sie Ihre gewohnten Tagestiefs
- [ ] Planen Sie eine "stille Stunde“ ein

Wenn Sie diese sechs einfachen Grundregeln befolgen, werden Sie grundsätzlich produktiver und zeiteffektiver arbeiten. Sie werden einen großen Teil Ihres Tages mit Dingen füllen können, die Sie glücklich machen.

Schritt 3: Erstellen Sie konkrete Tagespläne!

„Jeder Tag ist ein kleines Leben - jedes Erwachen und Aufstehen eine kleine Geburt, jeder frische Morgen eine kleine Jugend, und jedes Zubettgehen und Einschlafen ein kleiner Tod"

(Zitat des Philosophen Arthur Schopenhauer)

Egal, wie groß Ihre Ziele auch sind, ob Sie ein Haus bauen wollen, für eine Weltreise sparen oder eine Beförderung anstreben, jeden Tag kommen Sie Ihren Zielen ein klein wenig näher. Sehen Sie jeden Tag als Möglichkeit an, Ihre Pläne in die Tat umzusetzen und glücklich zu sein und zu werden.

Für ein effektives Arbeiten ist es mit dem Aufstellen simpler Tagespläne nicht getan. Ihr Job lässt sich schließlich nicht nach immer dem gleichen Schema abarbeiten. Projekte, ob groß oder klein, können nur mit durchdachten Tagesplänen in die Tat umgesetzt werden.

Das Ziel eines guten Zeitmanagement ist es jedoch nicht nur, Ihre Aufgaben strukturiert abzuarbeiten. In Ihrem Leben geht es schließlich nicht darum, nur zu funktionieren. Ihre Lebenszeit sollten Sie vor allem mit Momenten und Stunden füllen, die Sie glücklich machen. Ein allgemeiner Tagesablauf, wie ich ihn Ihnen im letzten Kapitel näher gebracht habe, hilft Ihnen, Routinen aufzustellen und so organisierter arbeiten zu können, um am Ende mehr Zeit Ihres Tages für sich selbst zur Verfügung stehen zu haben.

Konkrete Tagespläne hingegen bringen Sie Ihren einzelnen Zielen ganz systematisch näher und verhelfen noch dazu, mehr freie Zeit zu gewinnen.

Mit konkreten Tagesplänen verhält es sich ganz ähnlich. Auf diesen ist nicht nur „Projektarbeit 90-Minutenblock", „Post", „Mails" etc. notiert. Die detaillierten Tagespläne nutzen Sie, um ganz genau festzuhalten, mit welchen Projekten, mit welchen Kunden, mit welchen Klausurthemen Sie sich am kommenden Tag beschäftigen werden.

Der Tag ist die kleinste Größe beim Planen unseres Lebens und unserer Arbeit. Jeder einzelne Tag bringt uns großen Lebenszielen oder dem Fertigstellen umfangreicher Arbeitsprojekte näher. Deshalb müssen wir große Aufgaben, die vor uns liegen in kleine Abschnitte einteilen, die wir dann wiederum auf unsere Tage aufteilen.

Der erste Schritt ist meist die Recherche zu Ihrer Aufgabe, das Einlesen in den Themenkomplex, sodass Sie eine Vorstellung von dem Thema bekommen. Dann können Sie die weitere Schritte einleiten. Vielleicht müssen Sie Termine vereinbaren, Telefonate führen oder sich spezielle Literatur besorgen.

Mit den nachfolgenden Tipps wird es Ihnen gelingen, bevorstehende Aufgaben mittels detaillierter Tagesplanung strukturiert erledigen zu können.

Wöchentliche Meetings, Termine mit Kunden oder Vorlesungen und Seminare sind Pflichttermine, die in Ihrem Kalender stehen und die natürlich mit oberster Priorität Teil Ihrer ganz individuellen Tagespläne werden.

Das Geheimnis, wie ich meinem Arbeitsalltag Struktur gab, ist das tägliche Erstellen konkreter Pläne für den nächsten Tag. Dieses allabendliche Ritual verschafft mir am Tagesende ein angenehmes Gefühl der Sicherheit und des Überblicks. Auch Ihnen wird es ganz sicher helfen, selbstsicherer an den nächsten Arbeitstag heranzugehen.

Am Ende eines jeden Tages lege ich fest, welchen Aufgaben ich mich am kommenden Tag widmen möchte und werde. Meine Routine ist dabei an jedem Tag die gleiche. Ich arbeite in 90-Minuten-Blöcken, ich baue aktive Pausen ein, ich halte mich an meine selbst vorgegebenen Limits und ich baue bereits am Morgen meine stille Stunde ein, in der ich mich meiner wichtigsten Tagesaufgabe widme.

In meinen Kalender notiere ich nun alle konkreten Aufgaben, denen ich mich am folgenden Tag widmen möchte. Dabei achte ich darauf, Abwechslung in meinen Tagesablauf zu bringen. Ich versuche, mich nicht am Stück mit ähnlichen Aufgaben zu belasten.

Mit Abwechslung versuche ich Schwung in meinen Arbeitsalltag zu bringen und genau das sollten Sie auch versuchen, um die Freude an Ihrem Job zu bewahren. Eine zu festgefahrene Routine kann den Arbeitsalltag zu langweilig gestalten und wird Ihnen so die Freude an Ihren Aufgaben nehmen und Sie beim Arbeiten bremsen.

Werfen wir also einen Blick auf Ihren kommenden Arbeitstag. Angenommen, Sie haben am Vormittag ein Meeting und am Nachmittag einen Termin mit einem Kunden. Viele geben sich mit diesen beiden Informationen im Kalender zufrieden. Um zehn steht ein Meeting an, um drei ein Kundentermin. Aber was ist mit der Zeit dazwischen?

Wenn Sie am Tag zuvor einen konkreten Plan erstellen, garantiere ich Ihnen, Sie werden Ihren Tag sehr viel produktiver gestalten.

Sie können am Morgen vor dem Zehn-Uhr-Meeting noch einen Auftrag in Angriff nehmen. Tragen Sie die konkrete Aufgabe in den Kalender, werden Sie sich ganz sicher um diese kümmern.

Und auch die Zeit zwischen dem Meeting und Ihrem Termin sollten Sie mit konkreten Aufgaben füllen. Sie wissen, dass Ihr Meeting meist zwei Stunden in Anspruch nimmt. Dann ist es zwölf. Zeit für eine kleine Mittagspause. Nun können Sie um halb eins eine konkrete Aufgabe für Ihren Kalender festlegen. Dann haben Sie noch zwei Stunden bis zu Ihrem Termin. Vielleicht ist dies eine gute Möglichkeit, Ihre Mails zu checken und andere leichte Tagesaufgaben in Angriff zu nehmen. Oder Sie haben sogar den Elan, noch eine wichtige Aufgabe zu bearbeiten.

Tragen Sie alles, was Sie sich vorgenommen haben, in Ihren Terminplaner ein. Umso konkreter Sie Ihren Tag planen, umso mehr werden Sie an diesem erledigen können.

In Ihrem Tagesplan sollten Sie nicht nur arbeitsspezifische Vorhaben festhalten. Wenn Sie am Morgen eine Runde durch den Park joggen wollen, dann tragen Sie es ein. Vorhaben, die schriftlich festgehalten sind, werden Sie grundsätzlich eher ausführen als Vorhaben, die Sie sich nur in den Kopf gesetzt haben. Schreiben Sie es also nieder, wollen Sie drei Mal in der Woche Sport treiben.

Dinge, die schwarz auf weiß in Ihrem Tagesplan stehen, nehmen Sie wirklich in Angriff. Haben Sie sich etwas nur vage vorgenommen und nicht notiert, werden diese Vorhaben am nächsten Tag oft ignoriert. Dann stehen Sie am Morgen auf und denken vielleicht noch, dass Sie eigentlich Sport treiben wollten, tun es dann aber doch nicht.

Nehmen Sie jedoch Ihren Terminkalender zur Hand und sehen, dass für den Tag eine Sporteinheit auf Ihrem Plan steht, sind Sie eher gewillt es zu tun. Und ein gesunder und fitter Körper ist einer der Grundvoraussetzungen für Erfolg im Leben. Dazu aber später mehr.

Sie können Ihren Terminplan auch gänzlich auf den privaten Bereich ausdehnen. Bringen Sie umfassend Struktur in Ihren Tag, werden Sie vorgenommene Dinge unterbringen. Notieren Sie also auch die Verabredung mit Ihrer Freundin und vielleicht sogar ein geplantes Telefonat mit Ihrer Mutter.

Ihr konkreter Tagesplan könnte dann zum Beispiel so aussehen:

- ☐ 6:00–7:00: Lauftraining
- ☐ 8:30–10:00: Recherche zum Projekt A
- ☐ 10:00–11:30: Meeting
- ☐ 12:30–14:30: Checken der Mails, Telefonate / Projektarbeit
- ☐ 15:00–16:30: Kundengespräch
- ☐ 18:00 – ??? : Treffen mit L. C.

Sind nicht nur berufliche Vorhaben, sondern auch private Unternehmungen, die Ihnen Freude bereiten, festgehalten, wird Sie zudem ein gutes Gefühl überkommen. Neben all den beruflichen Terminen können Sie sich über das Treffen mit Freunden oder das Date mit Ihrem Partner freuen.

Eines sollten Sie natürlich bedenken. Der Tag hat nur 24 Stunden. Sieben bis acht Stunden sollten Sie im Bett verbringen. Morgens sollten Sie sich ein wenig Zeit für sich nehmen... Für morgendliche Rituale. Eine zehnminütige Meditation. Ein entspanntes Frühstück auf dem Balkon. Eine erfrischende Dusche...

Niemals sollten Sie hektisch in den Tag starten. Das gestresste Gefühl des Morgens wird Sie den ganzen Tag begleiten. Und auch für Ihren Tagesplan gilt, sich nicht unter Druck zu setzen und Stress Ihren Alltag bestimmen zu lassen. Nehmen Sie in Ihren Tagesplan nur so viele Vorhaben auf, wie Sie bewältigen können. Ein narrensicherer Weg, um die wirklich wichtigen Aufgaben des Tages nicht aus dem Fokus zu verlieren ist das Markieren der Hauptziele eines Tages in Ihrem Kalender.

Eine hilfreiche Technik beim Herausfiltern der wichtigsten Aufgaben und damit für das Erstellen von Plänen ist die Anwendung des Kieselprinzips.

Stellen Sie sich einen großen Krug vor. Das ist Ihr Tag. Wollen Sie nun große Steine, Kiesel und Sand in dem Gefäß unterbringen, werden Sie nur erfolgreich sein, wenn Sie die großen Steine zuerst in den Krug legen. Die Kiesel und der Sand finden Platz zwischen den großen Steinen. Genauso verhält es sich auch mit den Aufgaben, die Sie sich für einen Tag vorgenommen haben. Das Erledigen der großen Aufgaben, sollten Sie auf jeden Fall sicherstellen. Als optische Hilfestellung beim Blick in Ihren Terminkalender können Sie mit verschiedenen Schreibweisen oder Farben arbeiten.

Notieren Sie die wichtigsten Vorhaben mit einem bunten Stift, unterstreichen Sie diese oder schreiben Sie diese in großen Druckbuchstaben. So sehen Sie auf den ersten Blick, was heute unbedingt erledigt werden muss. Die kleineren Aufgaben, wie das tägliche Checken Ihrer digitalen und analogen Post oder das Führen von Telefonaten passt dann wie die kleinen Steine zwischen die großen Brocken.

Eines kann ich Ihnen garantieren: Haben Sie alle Aufgaben eines Tages gemeistert, wird Sie das mit Stolz erfüllen. Lassen Sie sich auf keinen Fall unterkriegen, ist es Ihnen nicht gelungen, am Ende des Tages alles zu erledigen. Noch sind Sie in der Lernphase. Noch müssen Sie lernen, wie viel Sie an einem Tag tatsächlich meistern können. Ich empfehle Ihnen, die Aufgaben eines Tages für den Anfang im Rahmen zu halten. Nehmen Sie sich nicht mehr vor, als Sie sicher sind, bewältigen zu können.

Schritt 4: Erstellen Sie Wochenpläne!

„Wer hohe Türme bauen will, muss lange am Fundament verweilen."

(Zitat des österreichischen Komponisten Anton Bruckner)

Große Ziele können nicht erreicht werden, in dem Sie sich einen Tag X im Kalender markieren, an dem Sie das Ziel erreicht haben möchten. Sie müssen die Aufgabe auf mehrere Arbeitsschritte runterbrechen. Um große Pläne zu schmieden, müssen Sie zunächst stabile Grundlagen für Ihr Vorhaben schaffen!

Schritt für Schritt kann ein Ziel einfacher erreicht werden. Tag für Tag schaffen Sie das Fundament für große Projekte und Lebensträume. Tagespläne sind nicht nur dazu da, tägliche Aufgaben organisiert zu erledigen, Tagespläne bringen Sie Ihren großen Zielen immer näher.

Ist es Ihnen nun gelungen, Ihre Aufgaben in Tageseinheiten aufzuteilen, haben Sie einen wichtigen Schritt zu einem guten Zeitmanagement und damit zum Erreichen Ihrer Ziele getan. Das Aufstellen konkreter Tagespläne wird Ihnen helfen, einen jeden Tag strukturiert in Angriff zu nehmen.

Aber viele Aufgaben in Ihrem Beruf oder Prüfungsvorbereitungen und das Ausarbeiten von Hausarbeiten im Studium bedarf einer anderen Sichtweise. Es muss Ihnen nun also in einem nächsten Schritt gelingen größere Zeitperioden vorausschauend zu planen, um das Fundament für größere Unternehmungen zu legen. Die Kunst eines guten Zeitmanagements ist das Planen aller bevorstehenden Aufgaben. Zunächst müssen

Sie also ein Gefühl dafür bekommen, wie viel Zeit langfristige Aufgaben in Anspruch nehmen werden.

Meist sind Ihnen Zeitfristen gesetzt. Im Studium müssen Sie Hausarbeiten bis zu einem bestimmten Tag abgeben. Prüfungsvorbereitungen müssen bis zum Tag der Prüfung abgeschlossen sein und Arbeitsprojekte unterstehen meist auch einer Frist.

Auch private Vorhaben sollten Sie in Wochen, Monats- und Jahrespläne einteilen, um Sie ganz sicher in die Tat umsetzen zu können. Werfen wir also einen Blick auf Ihre Woche. Jede gute Planung baut auf Erfahrungswerten auf. Versuchen Sie also die letzte Woche oder vielleicht gar die letzten Wochen Revue passieren zu lassen. Genauso wie Sie Ihre Tagespläne am Ende eines jeden Tages verfeinern, sollten Sie Ihre Wochenpläne am Ende der vorangegangenen Woche erstellen.

Eine Woche ist sieben Mal so lang wie ein Tag. Keinesfalls dürfen Sie jede Minute einer Woche verplanen.

Wochenpläne sollten Sie großzügiger gestalten als Ihre Tagespläne. Lassen Sie vierzig Prozent Ihrer Zeit offen. Mit Sicherheit werden im Laufe der Woche noch neue Vorhaben und Aufträge hinzukommen, die Sie dann jeden Abend in Ihren individuellen Tagesplänen nachtragen können.

Genauso wie bei den Tagesplänen ist es oberste Priorität, nicht zu viel in die Wochenpläne zu packen. Haben Sie das, was Sie sich vorgenommen haben nicht bewältigt, wird Ihnen das ein negatives Gefühl vermitteln. Zu Beginn kann es natürlich passieren, dass Sie nicht alles schaffen, was Sie sich vorgenommen haben. Dann lernen Sie aus Ihren Fehlern und nehmen für die kommende Woche weniger Aufgaben in Ihren Wochenplan auf.

Beim Aufstellen Ihrer Wochenpläne sollten wirklich wichtige private Vorhaben eine noch größere Rolle spielen als beim Gestalten Ihrer Tagespläne. Eine Checkliste kann Ihnen dabei helfen, nichts Wichtiges in Ihrem Wochenplan zu vergessen. Haben sie die letzte Woche Revue passieren lassen, erstellen Sie eine Liste.

Ist Ihnen das Lauftraining wichtig – entweder weil Sie dreimal in der letzten Woche laufen waren oder weil Sie bereuen, es nicht getan zu haben – notieren Sie es in Ihre Checkliste. Hat Ihnen das Treffen mit Ihren Freunden gutgetan oder der Kinobesuch mit Ihrem Partner, notieren Sie es. Die Schwachstelle vieler Wochenpläne ist das Fehlen der Dinge, die Ihnen guttun. Viele nehmen sich Dinge vor, die Sie unbedingt in die Tat umsetzen wollen.

Sätze wie „Wir sollten öfter ins Kino gehen", „Wir sollten uns mal wieder treffen" oder „Ich sollte mich wirklich beim Yoga-Kurs anmelden" sind meist nur leere Versprechungen, die Sie anderen und sich selbst machen.

Wollen Sie eine Tätigkeit in Ihr Leben integrieren, notieren Sie diese im Wochenplan. Dann besteht eine viel größere Chance, dass Sie diese tatsächlich in die Tat umsetzen. Das Geheimnis der Verwirklichung von Dingen ist das Niederschreiben Ihrer Pläne. Ist etwas notiert, verspüren wir einen stärkeren Drang das Vorhaben in die Tat umzusetzen.

Ihre Checkliste könnte zum Beispiel so aussehen:

- [ ] sportliche Fitness: Laufen, Fitnessstudio, Yoga, ...
- [ ] Freizeitaktivitäten: Kinobesuche, Stammtisch
- [ ] Zeit mit der Familie: Abendessen mit dem Partner, Spielplatz mit dem Kind
- [ ] private Anrufe und Nachrichten, die ich machen will
- [ ] Zeit für Social Media, Sprach-Lern-Apps, Lektüre von Romanen und Ratgebern
- [ ] Kundentermine eintragen und vereinbaren
- [ ] Abgabefristen von Hausarbeiten, Arbeitsprojekten
- [ ] zu erledigende Projekte und Arbeitsaufträge

Insgesamt ist ein Wochenplan ein sehr freies Konstrukt. Anders als Tagespläne, die Sie so, wie Sie diese aufgestellt haben erledigen sollten, sind Wochenpläne vollkommen flexibel.

Ich habe die Erfahrung gemacht, dass es sinnvoll ist, die wirklich wichtigen Aufgaben, die unbedingt erledigt werden müssen und die deshalb auch bewusst oder unterbewusst eine Last darstellen, am besten zu Beginn der Woche zu erledigen. Haben Sie ein besonderes Projekt von Ihrem Chef erhalten, das so schnell wie möglich abgeschlossen werden muss, beginnen Sie mit der Bearbeitung von diesem gleich am Montag.

Private Vorhaben hingegen sollten Sie an dem Tag erfüllen, an dem Sie diese für sich festgelegt haben. Wollen Sie Montag-, Mittwoch und Freitagmorgen joggen gehen, dann tun Sie das auch und stehen Sie Montagmorgen nicht auf und verschieben Sie das erste Lauftraining gleich auf Dienstag.

Beginnen Sie bereits am Montag damit, Vorgenommenes nicht zu erledigen, wird Sie das die ganze Woche belasten.

Ein Wochenplan ist ein hilfreiches Werkzeug, wenn unvorhergesehene Ereignisse eintreten. Sagt zum Beispiel ein Kunde ab und Sie haben plötzlich ein offenes Zeitfenster von zwei Stunden gewonnen, dann ärgern Sie sich nicht über die Planänderung.

Werfen Sie einfach einen Blick auf Ihren Wochenplan und erledigen Sie eine der anstehenden Aufgaben. Ein Wochenplan hilft Ihnen dabei spontan gewonnene Zeit sinnvoll zu nutzen.

Schritt 5: Erstellen Sie Monats-, Quartals-, Jahres- und Lebenspläne

**„Wenn die Zeit kommt, in der man könnte,
ist die Zeit vorüber in der man kann.“**

(Zitat der österreichischen Schriftstellerin Marie von Ebner-Eschenbach)

Irgendwann einmal den Camino de Santiago laufen. Irgendwann einmal um die Welt segeln. Irgendwann einmal den schwarzen Gürtel im Karate machen.

Wie oft habe ich in der Vergangenheit solche Vorhaben von Freunden vernommen oder Sie mir gar selbst in den Kopf gesetzt, ohne auch jemals nur den geringsten Schritt zur Erfüllung dieses Wunsches zu unternehmen.

Meine Großmutter hat immer von einer Schifffahrt durch die Fjordlandschaften Norwegens geträumt. Bis zum Ende ihres Lebens ist Sie niemals in Norwegen gewesen.

Viel zu oft verbleiben unsere Träume im Schatten unseres Unterbewusstseins. Vorhaben, die Sie nur mit vagen Zeitangaben irgendwo und irgendwann in Ihrem Inneren bewahren, haben es schwer, tatsächlich Wirklichkeit zu werden. Erstellen Sie aber konkrete Pläne für die großen Vorhaben, Wünsche und Träume in Ihrem Leben, haben Sie eine viel größere Chance tatsächlich nicht nur irgendwann, sondern zu einem geplanten Zeitpunkt in die Tat umgesetzt zu werden.

Sie denken jetzt vielleicht, es sei ein wenig übertrieben, solch große Abschnitte wie Quartale oder ganze Jahre in Ihrem Leben durchzuplanen. Aber glauben Sie mir, es macht durchaus Sinn in großen Horizonten zu denken. Und ohne es vielleicht zu merken, tun Sie es tagtäglich.

Denn jeden Tag arbeiten Sie auf größere Ziele hin als nur das Erledigen kleiner Aufgaben im Job oder das dreimalige Lauftraining in der

Woche. Betrachten wir nur einmal diese beiden wöchentlichen Aufgaben wird es schon klar ersichtlich, dass Ihre Ziele meist langfristiger Natur sind. So gehen Sie drei Mal in der Woche laufen, um fitter zu werden oder fit zu bleiben. Sie verfolgen das Ziel, ein langes und gesundes Leben zu führen.

Oder Sie haben vielleicht sogar ambitionierte Pläne und wollen an einem Wettkampf teilnehmen. Dann verfolgen Sie einen Trainingsplan , der sich über mehrere Monate zieht. Die Aufgaben in Ihrem Job erfüllen Sie auch, weil Sie ein bestimmtes Ziel verfolgen. Vielleicht streben Sie nach einer Beförderung oder nach Anerkennung von Kollegen und Ihrem Chef. Auch all das sind langfristige Ziele, die Sie vielleicht gar nicht ganz so bewusst verfolgen.

Mit ein paar einfachen Methoden können Sie auch diese langfristigen Ziele in einem durchdachten Plan festhalten und so effektiver an Ihre Lebensziele oder Lebensabschnittsziele gelangen.

Wir leben in hektischen Zeiten. Vielleicht geht es auch Ihnen manchmal so, dass Sie sich mehr wie ein Roboter fühlen, der funktionieren muss, als ein Mensch, der seine Wünsche und Träume in den Fokus rückt.

Es ist nicht schlimm, fühlen Sie sich manchmal nur wie ein funktionierender Organismus. Wir alle haben diese Erfahrungen gemacht. Während Prüfungsvorbereitungen in der Schule, an der Uni oder während der Ausbildung kommen die eigenen Bedürfnisse oft zu kurz. Auch stressige Zeiten im Job, in denen Sie unter Druck stehen, sind keine Tage des Träumens.

Gerade, wenn Sie öfter solchen Zeiten ausgesetzt sind, sollten Sie sich alle drei bis sechs Monate einen Tag in Ihrem Kalender notieren, in dem Sie sich nur Zeit für sich selbst nehmen.

Gehen Sie an diesem Tag in ein gemütliches Café und nehmen Sie sich Zeit für sich oder fahren Sie in den Wald. Suchen Sie einen Ort auf, an dem Sie Ruhe finden und Kraft tanken können.

Dann beginnen Sie die letzten Wochen und Monate Revue passieren zu lassen. Nehmen Sie einen Stift zur Hand und notieren Sie, was Ihrer Meinung nach planmäßig verlaufen ist, notieren Sie Vorgänge, Ereignisse und Menschen, die Ihr Leben bereichert, Sie glücklich gemacht haben.

Merken Sie, wie gut Ihnen das Zusammensein mit diesem einen Freund oder der einen Freundin tut, dann notieren Sie, diesen zukünftig öfter treffen zu wollen. Fällt Ihnen auf, dass Sie das wöchentliche Yogatraining vermissen, mit dem Sie vor einigen Wochen aufgehört haben, dann notieren Sie das und gehen Sie einfach wieder hin.

Dann filtern Sie die Dinge heraus, die Ihnen keinerlei Zufriedenheit beschert haben. Vielleicht stellen Sie fest, dass Ihre Beziehung mehr Ballast als Freude ist, dann sollten Sie dringend etwas unternehmen.

Ich will Ihnen nicht raten, Ihre Beziehung in diesem Fall gleich zu beenden. Aber vielleicht sollten Sie das Gespräch mit Ihrem Partner suchen. Stellen Sie fest, dass Sie Ihrem Beruf zu viel Aufmerksamkeit schenken und Ihre Familie vernachlässigt haben, notieren Sie das, sprechen Sie mit Ihrer Familie, Ihren Kollegen und vielleicht sogar mit Ihrem Chef.

Ignorieren Sie Ihre Bedürfnisse und Wünsche auf Dauer, werden Sie unglücklich und sich früher oder später in die Reihe der Burn-Out-Patienten einreihen.

Stellen Sie jedoch fest, dass Sie Ihr Job wirklich glücklich macht, dann sind Sie beruflich auf dem richtigen Pfad. Notieren Sie es und verfolgen Sie weiterhin ehrgeizig Ihre beruflichen Ziele. Vielleicht fragen Sie gar nach einem neuen Projekt.

Diese kleine Auszeit, die Sie sich aller paar Monate gönnen, wird es Ihnen leichter machen, Ihre Lebensziele im Blick zu behalten. Betrachten Sie diesen Tag keinesfalls als vertane Zeit, die Sie hätten im Büro oder mit Ihrer Familie verbringen können.

Hin und wieder benötigen Sie Zeit für sich selbst, um wirklich herauszufinden, was Sie im Leben wollen.

Viel zu oft passiert es, dass wir den falschen Zielen hinterherlaufen, weil wir von äußeren Einflüssen wie sozialen Medien sowie Fernsehen beeinflusst werden und unsere innere Stimme zwischen all den anderen Stimmen und Bildern kaum noch zu hören ist.

Dabei können wir doch nur selbst wissen, welche Lebensziele wir verfolgen möchten und welche Dinge für uns wirklich wichtig sind.

Merken Sie an dem Tag, an dem Sie ganz Ihrer inneren Stimme lauschen, dass Sie etwas in Ihrem Leben ändern müssen, tun Sie es so schnell wie möglich. Nehmen Sie sich die Veränderung gleich für den kommenden Tag oder die nächste Woche vor. Es wird sonst an Ihnen nagen und Sie unglücklich machen. Langfristige Pläne sollten Sie auch nicht erst in drei Monaten in Angriff nehmen.

Merken Sie, dass Sie mehr Zeit mit Ihren Kindern verbringen wollen, dann reservieren Sie wenigstens einen Nachmittag in der Woche für sie. Wollen Sie Ihrem Partner mehr Aufmerksamkeit schenken, dann planen Sie gemeinsame Aktivitäten in der Woche. Gemeinsames Kochen am Dienstag. Ein Kinobesuch am Mittwoch.

Wir alle haben nur dieses eine Leben. Jagen wir Tag für Tag, Woche für Woche, Jahr für Jahr den falschen Träumen hinterher, die wir in unserem tiefsten Inneren gar nicht begehren, werden wir unglücklich werden.

Sie denken jetzt vielleicht, dass Sie, statt ganz in Ruhe in sich zu gehen den Tag lieber an Ihrem Schreibtisch oder mit Ihren Liebsten verbringen sollten.

Aber glauben Sie mir, ein solcher Tag, an dem Sie ganz für sich selbst Ihre Ziele definieren und diese neu justieren, wird Ihnen im Endeffekt mehr Zeit für sie wichtigen Dinge in Ihrem Leben einräumen.

Ein gutes Zeitmanagement zielt nicht nur darauf ab, den Stapel auf Ihrem Schreibtisch möglichst schnell abarbeiten zu können. Ein gutes Zeitmanagement soll Ihnen verhelfen, Ihre Lebensziele möglichst effektiv zu erlangen. Haben Sie Wünsche und Träume, schieben Sie diese nicht auf die lange Bank. Viel zu oft sagen wir zu uns selbst, dass wir an unsere Traumziele immer noch irgendwann fahren können. Oder wir sagen uns, dass wir diese eine Sache, die wir immer schon machen wollten, irgendwann ganz sicher machen werden.

Irgendwann gibt es nicht. Irgendwann ist kein Zeitpunkt, auf den Sie hinarbeiten können. Träumen Sie davon, den Kilimandscharo oder den Mount Everest zu besteigen, wollen Sie einmal nach Nepal oder Patagonien, dann schreiben Sie es auf eine Liste und arbeiten Sie auf das Ziel hin.

Tun Sie jeden Tag einen kleinen Schritt, um Ihrem Ziel näher zu kommen. Wollen Sie ein Land bereisen, lernen Sie jeden Tag eine Vokabel der Landessprache. Oder fangen Sie gleich an, einen Sparplan und einen Urlaubsplan aufzustellen. Informieren Sie sich über die wichtigsten Orte des Reiseziels, über die Gepflogenheiten des Landes.

Umso mehr Sie sich mit Ihren Träumen beschäftigen, umso näher kommen Sie Ihren Zielen Tag für Tag, Schritt für Schritt.

Im Leben sollten Sie nach Ihrem ganz persönlichen Glück streben. Ist Ihre Familie Ihr ganzes Glück, dann planen Sie Aktivitäten mit Ihren Kindern und Ihrem Partner in Ihren Tages- und Wochenalltag ein.

Wollen Sie reisen, dann treffen Sie Schritt für Schritt die Vorkehrungen, die nötig sind, um Ihre Reise wahr werden zu lassen. Entdecken Sie die unbeschränkten Möglichkeiten eines konkreten Plans. Schreiben Sie Filtertüten auf Ihre Einkaufsliste, werden Sie daran denken, diese zu kaufen und können am nächsten Morgen eine Tasse Kaffee genießen.

Erstellen Sie einen Wochenplan für Ihren Alltag, wird es Ihnen gelingen, die wichtigsten Dinge in der Woche zu erledigen. Schreiben Sie die Nepalreise oder die Besteigung des Kilimandscharo auf Ihre To-do-Liste für das kommende Jahr, werden Sie sich Ihre Träume erfüllen.

Schritt 6: Lernen Sie, Tätigkeiten sinnvoll miteinander zu verbinden!

„Eine gute Idee löst nicht nur ein einzelnes Problem, sondern kann mehrere gleichzeitig lösen."

(Zitat des japanischen Spieleentwicklers Shigeru Miyamoto)

Das Geheimnis eines guten Zeitmanagements ist eine wirklich durchdachte Planung. Nicht nur sollten Sie an alle Vorhaben denken und Sie in Ihre verschiedenen Zeitpläne integrieren. Auch sollten Sie überlegen, ob sich vielleicht Vorhaben gleichzeitig durchführen lassen.

Vielleicht denken Sie jetzt, ich würde mir nun selbst widersprechen, weil ich in einem vorhergehenden Kapitel noch von Monotasking geschrieben habe. Doch das tue ich keineswegs. Sitzen Sie in Ihrem Büro und bearbeiten ein Projekt, dann konzentrieren Sie sich voll und ganz darauf.

Sitzen Sie aber im Auto, Bus oder Zug, weil Sie eine dienstliche Strecke zurücklegen müssen, dann nutzen Sie die Zeit im Auto doch sinnvoll. Wollen Sie eine Sprache lernen, weil Sie das jeweilige Land besuchen wollen, dann lernen Sie über Ihr Audiogerät doch ein paar Vokabeln.

Schwärmt Ihre Frau von diesem einen Buch, dessen Inhalt Sie so gern mit Ihnen diskutieren würde, dann lauschen Sie auf der Fahrt doch der Hörbuch-Version und überraschen Sie sie.

Nicht nur während einer Autofahrt lassen sich andere Vorhaben in die Tat umsetzen. Wollen Sie mit einem Kollegen ein Projekt besprechen, tun Sie dies doch vielleicht während eines Spaziergangs. So entfliehen Sie dem Büro für eine Weile und können sich an der frischen Luft bewegen.

Wenn Sie viel unterwegs sind und am Flugterminal, am Bahnhof oder an anderen Orten Wartezeiten überbrücken müssen, nehmen Sie sich Arbeitslektüre, private Bücher oder Studienunterlagen mit. So können Sie Ihre Wartezeiten mit sinnvollen Aufgaben füllen.

Wartezeiten und Zugfahrten werden so zu sinnvollen Tageseinheiten, in denen Sie sich nicht ärgern auf eine Sache warten zu müssen oder in der Sie sich langweilen. Auch Wartezeiten oder Fahrten im Auto oder Zug sind Teil Ihrer Lebenszeit.

Langweilen Sie sich nie wieder, sondern füllen Sie eine jede Minute eines Tages sinnvoll. Damit will ich Ihnen nicht ans Herz legen, von früh morgens bis spät abends durchzuarbeiten.

Zeit, in der Sie ein Buch lesen oder in der Sie über Ihr Leben nachdenken, in der Sie ein neues Album Ihrer Lieblingsband genießen oder in der Sie sich mit Ihrem Hobby beschäftigen, ist sinnvoll verbrachte Lebenszeit.

Verschwenden Sie keine Zeit mehr mit Langeweile. Füllen Sie Wartezeiten lieber mit Dingen, die Sie erledigen müssen, um am Ende mehr Zeit für sich selbst und Ihre Liebsten zur Verfügung zu haben. Oder füllen Sie Wartezeiten einfach mit Dingen, die Sie glücklich machen. Eine Tätigkeit, die Sie glücklich macht, Ihnen und anderen nicht schadet, ist jede einzelne Sekunde wert.

Das Prioritätsmodell: Das Wichtige und Dringendste zuerst

„Es ist schon lange einer meiner wichtigsten Dinge, dass die kleinsten Dinge bei Weitem die wichtigsten sind."

(Zitat des britischen Arztes und Schriftstellers Arthur Conan Doyle)

Vielleicht geht es auch Ihnen so, dass es vor allem die kleinen Dinge im Leben sind, die Ihnen besonders wichtig sind. Benötigen Sie am Morgen eine ruhige Stunde für sich, in der Sie ganz ungestört den Tag begrüßen können, dann nehmen Sie sich diese Zeit.

Ist es Ihnen wichtig, jeden Tag mit Ihrem Kind eine Stunde zu spielen, dann nehmen Sie sich die Zeit, egal welche Aufgaben noch auf der Agenda stehen.

Das Wichtigste im Leben ist es nicht, eine Hausarbeit vollkommen fehlerfrei abzugeben, wirklich jede Aufgabe des Physik-Übungsbuchs vor der Prüfung durchgekaut oder jede Aufgabe, die Ihnen der Chef erteilt, mit einem Lächeln entgegenzunehmen.

Das Wichtigste im Leben ist Zufriedenheit. Zufriedenheit werden Sie nur erlangen, wenn Sie den Dingen, die für Sie an erster Stelle stehen, die meiste Aufmerksamkeit widmen. Stellen Sie nie etwas hinten an, das Sie glücklich macht.Vernachlässigen Sie einen Partner nicht, den Sie über alles lieben. Lassen Sie Freunde, mit denen Sie schon immer durch dick und dünn gegangen sind, beim Stammtisch nicht hängen. Im folgenden Kapitel möchte ich Ihnen zeigen, welche Techniken Sie anwenden können, um ein Zeitmanagement auf die Beine zu stellen, dass Ihnen sowohl den Arbeitsalltag vereinfacht als auch den Fokus immer auf die für Sie entscheidenden Dinge im Leben wahrt.

Schritt 1: Das Eisenhower-Prinzip: Teilen Sie anstehende Aufgaben in Kategorien ein!

„Wir sind nur dadurch erfolgreich, dass wir uns im Leben oder im Krieg oder wo auch immer ein einzelnes, beherrschendes Ziel setzen, und diesem Ziel alle anderen Überlegungen unterordnen."

(Zitat des US-Generals und ehemaligen US-Präsidenten Dwight D. Eisenhower)

Wir Menschen streben in unserem Leben nach Zielen. Ohne Träume, Wünsche und konkrete Ziele verlieren wir den Sinn in unserem Leben. Wir arbeiten stets auf etwas hin, das uns vorantreibt.

Wie erfolgreich wir beim Erlangen dieser Ziele sind, entscheidet sich mit den Methoden, die wir nutzen, um diese zu erreichen. Mit dem Erstellen der Pläne, die ich Ihnen im ersten Teil meines Buches vorgestellt habe, können Sie Ihrem Tag, Ihrer Woche, Ihrem Jahr Struktur geben und dadurch organisierter arbeiten und Ihren Zielen näher kommen.

Um nun aber den Fokus auf die entscheidenden Ziele zu lenken, sollten Sie sich darüber klar werden, welche Aufgaben in Ihrem Leben wirklich im Fokus stehen sollten. Betrachten Sie beim Erstellen Ihrer Pläne also die anstehenden Aufgaben, ist es sinnvoll Sie in Kategorien einzuteilen.

Eine klassische Technik des Zeitmanagements, um die Aufgaben des Alltags effektiver bewältigen zu können, ist das Eisenhower-Prinzip, das neben der Wichtigkeit auch die Dringlichkeit Ihrer Aufgaben in den Fokus rückt. Dinge, die wichtig sind, bedürfen einer guten Planung und einer exakten Ausführung. Bei dringenden Aufgaben ist es wichtig, sie sofort zu erledigen.

Das Eisenhower-Verfahren, das vom gleichnamigen ehemaligen US-Präsidenten entwickelt sein soll, teilt anstehende Aufgaben in vier Kategorien:

- **Kategorie 1:** Wichtig und dringend
- **Kategorie 2:** Wichtig, aber nicht dringend
- **Kategorie 3:** Dringend, aber nicht wichtig
- **Kategorie 4:** Weder wichtig noch dringend

Natürlich ist eine solche Einteilung sehr vereinfacht. Denn in der Realität finden sich auch Aufgaben, die nicht hundertprozentig in eines der Felder eingeordnet werden können. Aber um einen ersten Plan für den kommenden Tag, den kommenden Monat oder das kommende Jahr zu erstellen, ist die Einteilung definitiv eine Hilfe.

Aufgaben der Priorität **A** sollten Sie sofort selbst erledigen. Sie gehören beim Tagesplan in die ersten Stunden. Im Wochenplan in den Montag Morgen.

Aufgaben der Priorität **B** sollten Sie gut planen. Sie müssen nicht sofort erledigt werden. Aber Sie sind besonders wichtig. Widmen Sie der Aufgabe also genügend Zeit beim Erledigen. Führen Sie sie Schritt für Schritt mit Struktur aus, um nicht unter Zeitdruck zu geraten.

Aufgaben der Priorität **C** müssen dringend erledigt werden, sind aber nicht wichtig. Haben Sie also jemanden, an den Sie diese Aufgabe delegieren können, einen Assistenten oder einen Kollegen, von dem Sie wissen, dass er Kapazitäten hat, tun Sie es.

Aufgaben der Priorität **D** können Sie vollkommen ausblenden. Sie müssen nicht erledigt werden. Die Notizen zu dieser Aufgabe können Sie vernichten. Verschwenden Sie keine wertvolle Zeit, indem Sie sich über solcherlei Aufgaben den Kopf zerbrechen. Aufgaben dieser Art sind oft daran schuld, dass wir uns verzetteln und den Überblick verlieren.

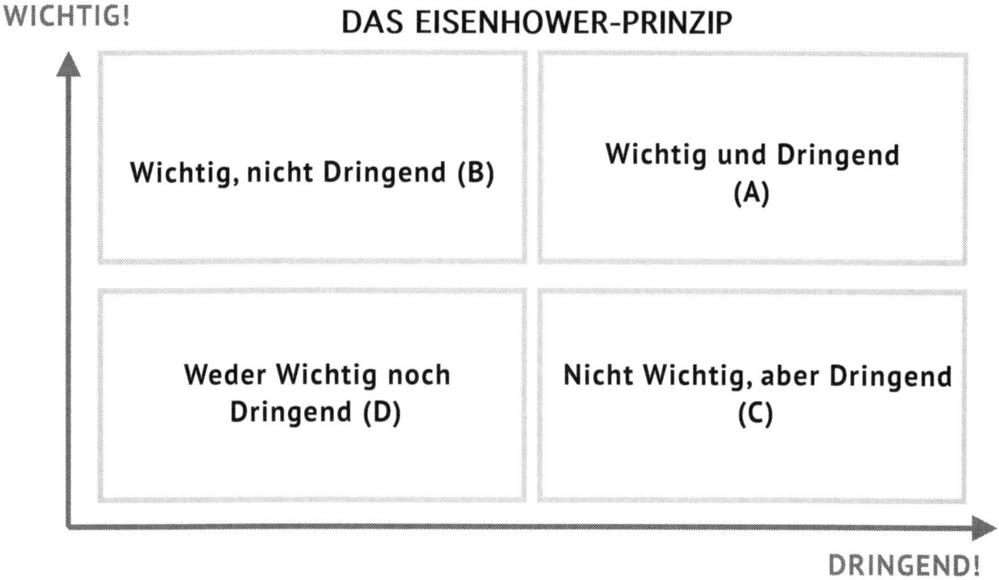

Das Eisenhower-Prinzip ist ein Klassiker unter den Zeitmanagement-Strategien. Viele Experten äußern jedoch verständliche Kritik an dem Prinzip. Eisenhower war Oberbefehlshaber der alliierten Streitkräfte im Zweiten Weltkrieg.

Sein Prinzip gründet daher auf militärischen Überlegungen. Im Alltag lassen sich seine Kategorien vielleicht nicht immer so leicht auf bevorstehende Aufgaben anwenden. Werfen wir einmal einen Blick auf einen typischen Arbeitsalltag im Büro und versuchen wir das Eisenhower-Prinzip anzuwenden, um einen Tagesplan aufzustellen.

Nehmen wir an, Sie müssen um zehn Uhr zum Meeting erscheinen. Es geht um neue Marketingstrategien in Ihrer Firma. Ihr Chef hat Sie alle gebeten, sich mit dem Thema auseinanderzusetzen. Sie sind aber gar kein Mitarbeiter der Marketing-Abteilung und haben der Aufgabe noch keinerlei Aufmerksamkeit gewidmet, weil es Ihnen nicht wichtig erscheint. Ihnen bleibt nur der Morgen, um der Bitte Ihres Chefs nachzukommen, obwohl Ihnen die Aufgabe als vollkommen unwichtig erscheint. Sie würden die Aufgabe also in Kategorie drei einteilen. Aber Sie können diese Aufgabe nicht an einen Kollegen delegieren. Sie müssen die Aufgabe schon selbst in die Hand nehmen, und zwar gleich am nächsten Morgen.

Sie tragen also die Recherche zu den neuen Marketingstrategien mit einem auffällig roten Stift in Ihren Terminplaner ein. Schließlich wollen Sie keinesfalls vollkommen unvorbereitet in das Meeting gehen. Die nach dem Eisenhower-Prinzip unwichtige Aufgabe, die Sie eigentlich delegieren sollten, aber nicht können, wird also zur obersten Priorität.

Außer dem Meeting haben Sie am folgenden Tag ein wichtiges Kundengespräch, das Sie vor- und nachbereiten müssen. Das stufen Sie als wichtig und dringend ein und würden es deshalb am liebsten der Recherche für das Meeting am Vormittag vorziehen. Sie werden beides unter einen Hut bringen müssen, und zwar mit gleicher Priorität.

Am Abend steht der Stammtisch mit Ihren Freunden an. Für Sie besonders wichtig, aber eben nicht dringend, denn Sie würden zwar gern pünktlich um sechs im Lokal sein, es ist aber auch kein Problem erst um acht zu Ihren Freunden zu stoßen. Das, was Ihnen also wirklich wichtig ist, verliert mit dem Eisenhower-Prinzip an Priorität, da es nicht dringend ist.

Für private Angelegenheiten wirkt sich die Anwendung des Eisenhower-Prinzips auf Ihre Lebensplanung eher negativ aus. Denn das Date mit Ihrem Partner, das Treffen mit Ihren Freunden und der Traumurlaub sind für Sie besonders wichtig, aber eben nicht dringend. Diese Vorhaben werden niemals zur Kategorie eins und können damit von Ihnen nie die oberste Priorität erhalten.

Für Arbeitsvorhaben ist das Eisenhower-Prinzip oft eine gute Möglichkeit, um Aufgaben sinnvoll nach Prioritäten abzuarbeiten. Insgesamt ist es durchaus sinnvoll, Aufgaben nach dem Schema zu überdenken. Wenn berufliche Vorhaben anstehen, stellen Sie immer die Fragen nach der Wichtigkeit und Dringlichkeit. Ist etwas dringend und wichtig, dann erledigen Sie es gleich.

Ist etwas wichtig, aber nicht dringend, dann erstellen Sie einen konkreten Plan, mit dem Sie das Vorhaben in einer bestimmten Zeit in die Tat umsetzen können.

Ist etwas dringend, aber nicht wichtig, überlegen Sie, ob Sie die Aufgabe delegieren können. Wenn Sie die Aufgabe nicht abgeben können, müssen Sie sie wohl oder übel selbst erledigen. Aufgaben dieser Art werden schnell zur Bürde, da Sie diese als unwichtig einstufen und diesen deshalb ungern Ihre wertvolle Zeit widmen.

Aufgaben, die weder wichtig noch dringend sind, verbannen Sie ganz schnell aus Ihren Plänen und aus Ihrem Leben. Sie sind nur unnötiger Ballast.

Schritt 2: Das Pareto-Prinzip: Erreichen Sie mit 20 Prozent Aufwand 80 Prozent der Ergebnisse!

„Eine Rose riecht besser als ein Kohlkopf, gibt aber keine bessere Suppe ab.“

(Zitat des französischen Schauspielers Jean-Baptiste Poquelin)

Wir Menschen neigen dazu, Dingen und Aufgaben zu viel Aufmerksamkeit zu schenken, ohne dabei den Nutzen abzuwägen. Was bringt es Ihnen, haben Sie den perfekten Bericht für Ihren Chef verfasst, aber der betrachtet am Ende nur die Kostenaufstellung, die Sie Ihrem Bericht angehängt haben?

Was nützt es, haben Sie die Lateinprüfung mit einer 1,0 abgeschlossen, am Ende zählt aber nur, ob Sie bestanden haben oder nicht? Es wird am Ende kein Unterschied zwischen Ihnen und dem Studenten gemacht, der mit Ach und Krach durch die Prüfung gekommen ist. Das Latinum haben Sie beide.

Ein übertriebener Perfektionismus steht uns Menschen oft im Weg und raubt uns damit wertvolle Zeit.

Reicht es nicht, den Rasen vor Ihrem Haus regelmäßig zu mähen, müssen die wenigen überstehenden Halme wirklich mit einer Schere nachgeschnitten werden?

Reicht es nicht, achtzig Prozent des Prüfungsstoffs zu lernen, wenn Sie doch nur bestehen müssen?

Reicht es nicht, eine Hausarbeit einmal Korrektur zu lesen, statt fünf Mal zu korrigieren und am Ende, neue Fehler einzubringen, statt alte auszumerzen. Pragmatisches Handeln kann Ihnen eine Menge Zeit ersparen und reicht in vielerlei alltäglichen Aufgaben vollkommen aus. Befreien Sie sich endlich davon, alles zur Perfektion ausführen zu müssen, geben Sie nur noch bei den Dingen, die Ihnen wirklich am Herzen liegen einhundert Prozent.

Vilfredo Federico Pareto war ein italienischer Ökonom und Soziologe. Zunächst studierte er bis 1870 Ingenieurswissenschaften und arbeitete nach dem Studium für eine Eisenbahngesellschaft und später ein Eisenhüttenwerk.

Er zeigte großes Interesse an wirtschaftlichen Vorgängen und begann einen Briefwechsel mit dem Direktor der Wirtschaftshochschule in Bari. 1893 an den wirtschaftswissenschaftlichen Lehrstuhl berufen, wurde er zum Mitbegründer der Wohlfahrtsökonomik. Pareto untersuchte die Vermögensverteilung der Bevölkerung seines Landes. Er stellte dabei fest, dass zwanzig Prozent der Menschen über achtzig Prozent des Vermögens verfügen.

Wir wissen heute natürlich, wie ungleich das Vermögen der Menschen verteilt ist. Doch statt uns jetzt über die Ungerechtigkeit der Verteilung im herrschenden Wirtschaftssystem zu brüskieren, versuchen wir uns die Erkenntnis Paretos für unser Zeitmanagement zunutze zu machen.

Die 80 zu 20 Verteilung, die sich in der Vermögensverteilung widerspiegelt, finden sich in unzähligen Bereichen des täglichen Lebens. Betrachten wir nur einmal Ihren Kleiderschrank. Sie werden feststellen, dass Sie manche Sachen häufig tragen, manche fast nie. In 80 Prozent Ihrer Zeit tragen Sie zwanzig Prozent Ihrer Kleidung.

In einem Klassenzimmer in der Schule, einem Seminarraum in der Uni oder einem Konferenzraum eines Unternehmens wird die 80 zu 20 Verteilung ganz klar sichtbar. Manche Schüler, Studenten oder Mitarbeiter beteiligen sich rege am Unterricht, an einem Seminar oder an einem Meeting. Andere tragen kaum etwas zum Unterricht, zum Seminar oder zum Meeting bei. 20 Prozent der Schüler, Studenten oder Mitarbeiter machen 80 Prozent der Gesprächsbeiträge aus. Auch in einem Geschäft macht sich das Pareto-Prinzip bemerkbar. Manche Produkte sind Kassenschlager. Die meisten anderen werden nur selten verlangt. Auch hier machen 20 Prozent der Produkte 80 Prozent des Umsatzes aus.

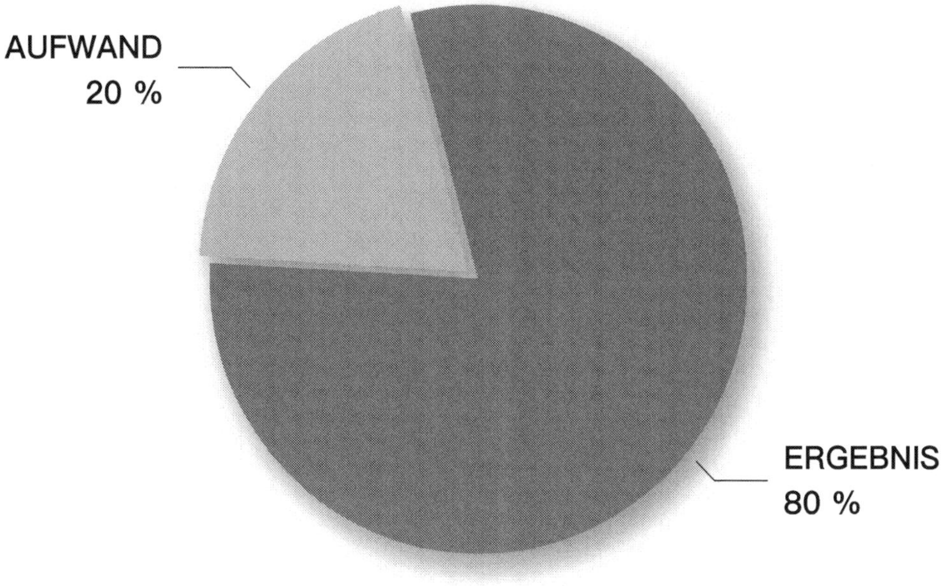

Wollen Sie ein durchdachtes Zeitmanagement in Ihren Alltag und Ihr Leben integrieren, kommen Sie am Pareto-Prinzip nicht vorbei.

Werfen wir einmal einen Blick auf Ihren Arbeitsalltag. Wir haben im vorhergehenden Kapitel bereits über das Aufteilen in Kategorien gesprochen. Sagen wir, es stehen zehn Aufgaben auf Ihrem Tagesplan. Zwei davon haben Sie als wichtig und dringend eingestuft. Zwei als wichtig, aber nicht dringend. Sechs als weniger wichtig.

Wenn ich Ihnen jetzt sage, dass Sie nur zwei Aufgaben davon bewältigen können, für welche würden Sie sich entscheiden? Sicher würden Sie nicht die unwichtigen wählen, denn dann würden die wichtigen alle noch auf der Agenda stehen. Sie wären unzufrieden und hätten das Gefühl, an diesem Tag nichts erreicht zu haben.

Haben Sie jedoch die beiden wichtigen und dringenden Aufgaben erledigt, gehen Sie glücklich nach Hause. Doch warum ist das so? Acht der Aufgaben, die Sie sich vorgenommen haben, sind schließlich unerledigt geblieben. Um diese Frage zu beantworten, hilft uns das Pareto-Prinzip. Die beiden wichtigen und dringenden Aufgaben Ihres Tages haben zahlenmäßig zwar nur 20 Prozent Ihrer Aufgaben ausgemacht.

Aber diese zwanzig Prozent machen, denken Sie in Wichtigkeits- und Dringlichkeitskategorien, achtzig Prozent Ihrer Aufgaben aus, da Sie am dringendsten und wichtigsten waren und damit oberste Priorität hatten. Legen wir unseren Fokus nun einmal auf die einzelnen Aufgaben, die Sie bewältigen müssen. Mit etwas Mut kann Ihnen das Pareto-Prinzip nämlich auch dabei helfen, in nur zwanzig Prozent der Zeit achtzig Prozent Ihrer Aufgabe zu erfüllen.

Viele unter uns sind Perfektionisten. Dagegen ist nicht das Geringste einzuwenden. Es erfüllt uns alle mit Stolz, haben wir eine Aufgabe zu kompletter Zufriedenheit aller Beteiligten erfüllt, uns selbst eingeschlossen. Und einige Aufgaben müssen mit Perfektion gemeistert werden. Automechaniker dürfen sich nicht mit einer achtzigprozentigen Reparatur Ihrer Fahrzeuge zufriedengeben. Chirurgen müssen Ihre Operationen mit allen Ihnen zur Verfügung stehenden Kräften und Fähigkeiten angehen.

Doch manchmal reicht es eben auch, ganz nach dem Pareto-Prinzip nur zwanzig Prozent des Aufwandes in eine Aufgabe zu stecken. Sie werden kein hundertprozentig zufrieden stellendes Ergebnis abliefern. Aber Sie können laut Pareto mit einem Aufwand von nur zwanzig Prozent achtzig Prozent des Ergebnisses erzielen.

Stehen am Ende eines Semesters eine Vielzahl von Prüfungen an, ist es sinnvoll, Mut zur Lücke zu beweisen. Natürlich können Sie für die Prüfung in Chemie all die Versuche des Professors detailliert durchgehen und all Ihre Notizen auswendig lernen, aber dann wird Ihnen keine Zeit mehr bleiben, um das Physikbuch auch nur aufzuschlagen.

Beweisen Sie Mut zur Lücke, können Sie sich zu jeder Prüfung des Semesters einen Überblick verschaffen. Gehen Sie nicht alle Matheaufgaben durch. Schauen Sie sich jeweils eine Aufgabe zu jedem Themenbereich an. Dann können Sie auch noch einen Blick auf alle wichtigen Experimente Ihres Chemieprofessors werfen und sich ein paar Formeln verinnerlichen, bevor Sie die Abschnitte zur Optik und Mechanik in Ihrem Physikbuch überfliegen.

Mit einem gesunden Halbwissen haben Sie eine viel größere Chance alle Prüfungen zu bestehen, als hätten Sie nur die Zeit gefunden ein Fach ausgiebig durchzugehen und die anderen vernachlässigt. Beim

Schreiben von Hausarbeiten verhält es sich ähnlich. Halten Sie sich nicht an Kleinigkeiten auf. Lesen Sie einen geschriebenen Abschnitt nicht wieder und wieder, um letzte kleine Fehler auszumerzen.

Ich selbst habe schon erfahren, dass zu intensives Bearbeiten des Selbstverfassten, eher dazu führt, noch mehr Fehler einzubauen als diese zu eliminieren.

Auch im Berufsleben kann das Pareto-Prinzip für eine große Zeitersparnis sorgen. Denken wir einmal an das Meeting zurück, auf dem neue Marketingstrategien diskutiert werden sollen und auf das Sie sich vorbereiten sollten.

Natürlich dürfen Sie nicht vollkommen unvorbereitet in die Diskussionsrunde gehen. Aber arbeiten Sie nicht bis ins kleinste Detail neue Marketingstrategien für Ihre Firma aus. Recherchieren Sie einige Minuten im Internet und notieren Sie, was andere Firmen tun.

Schreiben Sie sich einige Ideen zu Ihren Produkten auf und schon haben Sie einige Stichworte, mit denen Sie sich am Gespräch beteiligen können. Niemand erwartet einen detaillierten Marketingplan von Ihnen. Mit nur wenigen Minuten Arbeit und zwanzig Prozent des Aufwandes gelingt es Ihnen achtzig Prozent Ihrer Aufgabe zu erfüllen. Und auch Projekte, an denen Sie arbeiten, sollten Sie einmal genau betrachten. Projekte, an denen Ihnen natürlich selbst viel liegt und mit denen Sie sich vielleicht hervorheben wollen, sollten Sie nicht nur mit zwanzig Prozent des Aufwandes bearbeiten.

Aber vielleicht haben Sie Aufgaben auf Ihrem Tisch liegen, an denen Ihnen weniger liegt. Dann investieren Sie nicht zu viel Zeit. **Nutzen Sie das Pareto-Prinzip, um mit 20 Prozent des Aufwandes 80 Prozent des Ergebnisses zu erzielen.** Sie sollten das Pareto-Prinzip jedoch keinesfalls überstrapazieren. Widmen Sie sich immer nur den wichtigsten Aufgaben oder erfüllen Sie jede Aufgabe nur so, dass Sie 80 Prozent des Ergebnisses erzielen, dann könnte es passieren, dass Ihnen die kleinen Dinge schnell über den Kopf wachsen und Ihre Vorgesetzten unzufrieden reagieren.

Das Geheimnis des Paretoprinzips ist die durchdachte Anwendung auf Ihren Arbeitsalltag. Vor allem, wenn Ihnen Ihre Aufgaben über den Kopf zu wachsen scheinen, ist es sinnvoll, weniger Zeit in die Vielzahl der Aufgaben zu investieren. Überlegen Sie genau! Muss eine Aufgabe dringend erledigt werden, Sie vermögen es aber keinesfalls, diese zur Perfektion zu meistern, konzentrieren Sie sich auf die Hauptpunkte. Halten Sie den Termin ein und machen Sie lieber Abstriche in der Qualität.

Liefern Sie dagegen ein perfektes Ergebnis ab, haben aber den Termin nicht einhalten können, hat Ihr Vorgesetzter den Auftrag womöglich längst anderweitig vergeben und alle Mühe war umsonst. Müssen Sie morgen eine Hausarbeit abgeben, dann lesen Sie sie nicht noch einmal komplett durch, lassen Sie ein Rechtschreib- und Grammatikprüfanwendung die Fehler herausfiltern und berichtigen Sie diese nach und nach. Verschwenden Sie keine wertvolle Zeit mit der Suche des perfekten Einstiegszitates, geben Sie sich mit einem einfachen, aber passenden Einstieg zufrieden und versuchen Sie stattdessen, Ihre Arbeit in der optimalen Form abzugeben.

Steht ein Gespräch mit Ihrem Chef oder ein Meeting an, dann verzetteln Sie sich nicht in Details und machen Sie sich nicht verrückt. Überblicken Sie die Hauptpunkte, die im Gespräch oder Meeting angesprochen werden können und blicken Sie dem Zusammentreffen mit positiven Gefühlen entgegen.

Das Paretoprinzip kann eine wirklich hilfreiche Strategie sein, scheint uns die Arbeit über den Kopf zu wachsen. In stressigen Zeiten ist es manchmal besser, Aufgaben zu 80 Prozent erledigen zu können, statt gar nicht. Behalten Sie den Überblick und widmen Sie sich den wichtigen Aspekten. Blenden Sie Unwichtiges komplett aus, ertrinken Sie nicht in der Aufgabenfülle. Zu großer Perfektionismus kann uns wertvolle Lebenszeit rauben.

Schritt 3: Lernen Sie, Nein zu sagen!

„Wer selbst kein Ziel hat, arbeitet automatisch für die Ziele anderer."

(Zitat des deutschen Motivationstrainers Jürgen Holler)

Sie haben Ihre Ziele mittlerweile klar definiert und Prioritäten gesetzt. Strukturiert gehen Sie tägliche Aufgaben und Ihre Lebensträume an. Sie arbeiten hin zu Ihrem Glück und nicht mehr zur Zufriedenheit anderer.

Um diese Zielstrebigkeit beizubehalten und Ihre Pläne weiter in die Tat umsetzen zu können, müssen Sie unbedingt lernen Nein zu sagen. Wir tun uns oft schwer, dieses Wort in den Mund zu nehmen. Doch Sie müssen sich darüber klar werden, dass Sie, sagen Sie Ja, obwohl Sie für eine Aufgabe keine Zeit haben, zu sich selbst Nein sagen.

Bittet Sie ein Kollege oder Ihr Chef darum, eine Aufgabe zu übernehmen und opfern Sie damit den gemeinsamen Abend mit Ihrem Partner, Ihr abendliches Work-out oder die abendliche Lektüre eines Buches, sagen Sie im ersten Fall Nein zu Ihrer Beziehung, im zweiten Fall Nein zu Ihrem Körper und im dritten Fall Nein zu sich selbst.

Natürlich müssen Sie nicht grundsätzlich jede Bitte abschlagen, bittet Sie ein Kollege eine Aufgabe zu übernehmen und dieser hat Ihnen auch schon oft aus der Misere geholfen, dann schlagen Sie ihm die Bitte nicht ab.

Bittet Sie Ihre Partnerin, die sich rund um die Uhr um Ihr gemeinsames Kind kümmert, Ihre Tochter von der Schule abzuholen, tun Sie es.

Bittet Sie aber ein Kollege oder Ihr Chef ein fremdes Projekt zu übernehmen und Sie können es nicht bewältigen, ohne wirklich große Abstriche in Ihren eigenen Plänen zu machen, sagen Sie Nein.

Würden Sie nur Ja sagen, um Ihren Kollegen oder Chef zu beeindrucken, sagen Sie Nein. Wollen Sie Ihren Chef aber nicht vor den Kopf stoßen, dann kommunizieren Sie ihm, dass Ihr Tages- bzw. Wochenplan bereits voll ist. Sie könnten ihm sagen, dass Sie die gestellte Aufgabe übernehmen können, dass Sie dann aber eine andere Aufgabe nicht (fristgerecht) erledigen können.

Geht es um Telefonate, gibt es einen ganz einfachen Trick, Nein zu sagen. Wollen Sie gerade nicht gestört werden, weil Sie mit etwas Wichtigem beschäftigt sind, sei es privat oder beruflich, schalten Sie einfach den Anrufbeantworter ein.

Schritt 4: Lernen Sie, Aufgaben zu delegieren und im Team zu arbeiten!

„Aufgaben delegieren heißt: Nicht mehr Personen und Tätigkeiten überwachen, sondern nur noch Ergebnisse!“

(Zitat des schottischen Journalisten Bertie Charles Forbes)

Blicken wir zurück zum Eisenhower-Prinzip, gibt es nur zwei Aufgabentypen, die Sie nicht an andere abgeben sollten und wollen. Die Aufgabe, die dringend und wichtig ist und diejenige, die wichtig ist. Ist eine Aufgabe aber unwichtig und muss doch dringend erledigt werden, dann versuchen Sie diese abzugeben.

Es gibt nur zwei Gründe, die Sie davon abhalten könnten, eine Aufgabe zu delegieren. Sie haben kein Vertrauen in Ihre Kollegen und Mitarbeiter oder Sie haben Angst davor Schwäche zu zeigen.

Beide Gründe sollten Sie nicht davon abhalten, Aufgaben, deren Bewältigung Ihr ausgeklügeltes Zeitmanagement nicht vorsieht, an andere abzugeben. Fassen Sie Vertrauen in Ihre Kollegen und scheuen Sie nicht aus der Angst heraus, Ihr Gegenüber könnte Sie für schwach halten, sich mithilfe Ihres Mitarbeiters zu entlasten.

Das Geheimnis einer guten Delegation ist eine gute Organisation und der Respekt vor Ihren Mitarbeitern. Geben Sie eine Aufgabe in einem schroffen Ton weiter, wird Ihr Mitarbeiter oder Kollege nicht gewillt sein, die Aufgabe zu übernehmen. Übergeben Sie die Aufgabe jedoch in einem freundlichen Ton, bittend und nicht befehlend, ist Ihr Gegenüber sicherlich bereit Ihnen die Aufgabe abzunehmen.

Damit Ihr Mitarbeiter auch in der Lage ist, die Aufgabe zu Ihren Wünschen zu erfüllen, sollten Sie ihm die Aufgabe verständlich erklären. Wenn er genau um die Hintergründe und die Anforderungen weiß, kann ein zufriedenes Ergebnis erzielt werden. Investieren Sie also ein wenig Zeit in die Delegation.

Machen Sie Ihrem Kollegen oder Mitarbeiter klar, wann die Aufgabe erfüllt sein muss, und fragen Sie ihn, ob er diesen Termin auch

einhalten kann. So vermeiden Sie, dass Ihr Gegenüber Ihnen eine Aufgabe abnimmt, die er gar nicht bewältigen kann. Besonders wenn Sie im Team arbeiten, sollten Sie der Verteilung der Aufgaben besondere Aufmerksamkeit schenken. Leiten Sie ein Team oder sind Sie Teil einer Arbeitsgruppe, dann versuchen Sie keinesfalls alle Aufgaben selbst zu erledigen.

Teamarbeit sollte, wie es der Name schon sagt, im Team erledigt werden. Das heißt nicht, dass Sie jede Aufgabe gemeinsam in Angriff nehmen müssen. Vielmehr sollten Sie die Aufgaben sinnvoll untereinander aufteilen. Jeder sollte seinen Teil im gleichen Umfang beitragen.

Experten sollten natürlich für die Aufgaben eingesetzt werden, in denen Sie sich besonders gut auskennen. Wichtig ist es auch hier, dass Sie Ihren Teammitgliedern vertrauen. Alle sind Teil des Teams. Allen ist daran gelegen, ein gutes Ergebnis zu erzielen. Vertrauen Sie also darauf, dass jeder sein Bestes gibt.

Die Gefahr eines umfangreichen Projekts, das von mehreren Mitarbeitern erledigt wird, ist es, dass Aufgaben mehrfach ausgeführt werden. Daher ist eine gute Absprache eine wichtige Voraussetzung für das erfolgreiche Gelingen einer Teamarbeit.

Finden Sie sich besser zu oft als zu selten zusammen. Jeden Morgen ein paar Minuten sind in diesem Falle wirklich gut investiert. Sie werden am Ende wertvolle Zeit sparen. Keiner wird eine Arbeit in Angriff nehmen, die ein anderer schon erarbeitet hat. Und vielleicht hat einer Ihrer Kollegen am vorigen Tag Informationen zusammengetragen, die für Sie wichtig sein könnten.

Vergessen Sie nicht, Sie arbeiten im Team, jeder ist ein Zahnrad in diesem gemeinsamen Uhrwerk. Nur, wenn Sie überlegt und strukturiert zusammenarbeiten, können Sie Ihre Aufgabe im gesetzten Zeitlimit erfüllen.

Schritt 5: Lernen Sie, in der Fülle der Möglichkeiten die für Sie richtigen Entscheidungen zu treffen!

„Nirgends kommt hin, wer allen Pfaden folgt, die er sieht."

(Lateinisches Sprichwort)

Wir leben in einer Welt der unbegrenzten Möglichkeiten. Berufe wurden früher ergriffen, weil der Vater bereits in der Branche war. Ausbildungen wurden begonnen, weil gerade Plätze frei waren und die Eltern es wünschten. Die Menschen blieben meist in den Orten, in denen Sie aufgewachsen sind.

Heute stehen wir nach dem Schulabschluss vor einer Fülle von Möglichkeiten. Wir können im Ausland studieren. Wir können eine Berufsakademie, eine Fachhochschule oder eine Universität besuchen. Das beschert uns eine unglaubliche Fülle an Möglichkeiten. Doch diese Freiheit kann unser Zeitmanagement auch schnell überfordern.

Wo sollen wir all diese Möglichkeiten in einen Tag unterbringen, der doch nur 24 Stunden hat? Manche von uns begehen den Fehler, sich mit den sportlichen Aktivitäten, beruflichen Aufgaben oder privaten Tätigkeiten vollkommen zu überfordern. Das Geheimnis liegt auch hier beim Setzen von Prioritäten.

Natürlich sind es alles lobenswerte Vorhaben, wollen Sie Saxofon erlernen, einen Yoga-Kurs absolvieren, einmal die Woche im Altenheim aushelfen und obendrein noch das Fußball-Team Ihres Sohnes leiten. Zu viele Aufgaben können Ihnen aber auch bei noch so guter Planung, bei einem noch so durchdachten Zeitmanagement über den Kopf wachsen.

Keine dieser Aufgaben können Sie nach dem Paretoprinzip bewältigen. Geben Sie nicht alles beim Erlernen des Saxofons oder der Yoga-Posen, ist das Geld für die wöchentliche Stunde und auch die Zeit verschwendet. Helfen Sie den Senioren oder dem Fußballteam Ihres Sohnes nur halbherzig, sind Sie kaum eine Hilfe. Selbstlose Taten sollten immer mit vollem Einsatz getan werden.

Auch das Eisenhower-Prinzip wird Ihnen keine Hilfe sein. Alle Aufgaben sind wichtig. Nicht dringend, nicht unwichtig. Aber alle haben den gleichen Grad an Wichtigkeit.

Deshalb schreiben Sie keines der vorgenommenen Taten ab. Aber finden Sie den richtigen Weg, um allen Aufgaben die gleiche Aufmerksamkeit schenken zu können.

FOKUS

„Wer nicht mehr weiß, wo ihm der Kopf steht, könnte ihn bereits verloren haben.“

(Zitat des deutschen Dichters Rupert Schützbach)

Ein strukturierter Tagesablauf, jedes noch so gut geplante Vorhaben gerät ins Stocken, verlieren wir den Fokus. In unserem Alltag gibt es unzählige Störfaktoren, denen wir entweder vorbeugen müssen oder über die wir hinwegsehen müssen, um unsere Konzentration wahren zu können.

Sind wir im Einklang mit uns selbst und unserer Umwelt neigen wir weniger dazu, den Fokus beim täglichen Arbeiten und bezüglich unserer Lebensziele zu verlieren.

Aber egal, wie gut wir auch innerlich und äußerlich vorbereitet sind, im Verlaufe des Tages wird es immer wieder dazu kommen, dass wir den Fokus verlieren. Niemand vermag es, zwölf Stunden am Tag konzentriert arbeiten zu können. Das verlangt auch niemand von uns und ist auch nicht der Sinn unseres Daseins.

In den folgenden Kapiteln möchte ich Ihnen Tipps und Tricks zeigen, die es Ihnen leichter machen, Ihre Aufmerksamkeit auf eine Aufgabe zu lenken. Bereits am Morgen entscheiden wir uns, wie wir unseren Tag gestalten wollen.

Füllen wir den Geist mit negativen Gedanken und Stress werden uns die bevorstehenden Aufgaben schnell über den Kopf wachsen. Positive Gefühle und Gedanken, Motivation, Entspannung und eine gesunde Lebensweise dagegen sind die Pfade, die uns unseren Zielen näherbringen.

Physische Strategien: Ein gesunder Körper arbeitet besser

„Wer nicht jeden Tag etwas für seine Gesundheit aufbringt, muss eines Tages sehr viel Zeit für seine Krankheit opfern.“

(Zitat des ‚Wasserdoktors‘ Sebastian Kneipp)

Unserer Gesundheit trauern wir Menschen meist erst hinterher, sind wir krank. Eine einfache Grippe kann uns manchmal deutlich machen, wie glücklich wir uns doch unserer alltäglichen Gesundheit schätzen können.

Um Ihre Ziele im Leben erreichen zu können und diese beim Erreichen auch tatsächlich genießen zu können, müssen wie unsere Gesundheit wahren. Egal, wie hart Sie gearbeitet haben, sind Sie nicht gesund, können Sie jeden noch so verdienten Wohl- oder Ruhestand nicht genießen. Unsere physische und psychische Gesundheit sollte deshalb bei allen Vorhaben an oberster Stelle stehen.

Schritt 1: Versorgen Sie Ihren Körper mit gesunder Nahrung!

**„Viele Menschen haben das Essen verlernt.
Sie können nur noch schlucken.“**

(Zitat des französischen Starkochs Paul Bocuse)

Da dieses Buch kein Ernährungsratgeber ist, möchte ich Ihnen weder erklären, wie viele Kalorien noch welche Nährstoffe Sie am Tag aufneh men sollten, um fit und gesund zu bleiben. Im Internet finden sich zahllose Studien und Ratgeber zu einer gesunden Ernährung.

Mit diesem Kapitel möchte ich Ihnen vielmehr ans Herz legen, wie wichtig eine gesunde Ernährung für die Funktionsweise unseres Gehirns und damit für die alltägliche Konzentration ist.

Betrachten wir das Gewicht unserer Muskeln und Organe verbraucht das Gehirn die meiste Energie. Unsere Schaltzentrale, die für alle Vorgänge in unserem Körper verantwortlich ist, verbraucht bei nur zwei bis drei Prozent des gesamten Körpergewichts siebzehn Prozent des Gesamtenergiebedarfs.

Nehmen wir also an, Ihr Körper benötigt in etwa 2000 Kalorien am Tag. Dann gehen 340 davon ans Gehirn. Natürlich benötigen wir die

se nicht ausschließlich für unser Denken. Das Gehirn steuert auch Tausende kleiner Prozesse, die nebenbei laufen. Das Bewegen unserer Hände und Füße, das Funktionieren unserer Organe.

Aber nur, wenn unser Gehirn ausreichend mit Energie versorgt ist, kann es auch optimal arbeiten und wir können uns optimal konzentrieren. Wir sollten in einem ersten Schritt der täglichen Nahrungsaufnahme ausreichend Zeit widmen. Sie sollten Mittagessen, Frühstück, Abendessen und mögliche Zwischenmahlzeiten vielleicht sogar in Ihren allgemeinen Tagesplan einarbeiten, neigen Sie dazu Ihre Mahlzeiten immer nur zwischen Tür und Angel einzunehmen.

Bereits am Morgen sollten Sie Ihren Wecker lieber ein paar Minuten eher stellen, um noch vor der Arbeit ein gesundes Frühstück einnehmen zu können.

Früher bin ich, ohne auch nur einen Bissen zu mir genommen haben, aus dem Haus geeilt. Nur mit einer Tasse Kaffee versorgt, habe ich die Arbeit an meinem Schreibtisch aufgenommen. Doch nach einiger Zeit ist mir aufgefallen, dass mir das Arbeiten nach einer Stunde bereits schwerfiel.

Wurde der Hunger dann irgendwann zu groß und ich habe es nicht mehr ausgehalten, bis zur Mittagspause zu warten, habe ich mir am

Schreibtisch schnell einen kleinen Snack gegönnt. Zu den gesunden Nahrungsmitteln gehörte dieser meistens nicht.

Irgendwann habe ich dann begonnen, mir am Morgen zwei Scheiben Vollkorntoasts mit einem Aufstrich und einen Smoothie zuzubereiten, während die Kaffeemaschine arbeitete. Sehr viel Zeit hat das Zubereiten des Frühstücks nicht in Anspruch genommen. Während der Kaffee in der Tasse abkühlte, habe ich den Smoothie getrunken und die beiden Scheiben Brot gegessen.

Die morgendlichen Hungerattacken im Büro endeten und ich konnte bis zur Mittagspause konzentriert meinen Aufgaben nachgehen.

Außerdem habe ich nach einer Weile festgestellt, dass ich mich viel besser fühlte als zuvor. Ernähren wir uns gesünder, fällt uns oft erst auf, dass wir zuvor gar nicht so fit gewesen waren, wie wir immer gedacht hatten. Lernen auch Sie aus meinem Fehler und beginnen Sie das Frühstück als erste morgendliche Priorität zu betrachten, wenn Sie es noch nicht tun.

Wenn Ihnen die Zubereitung am Morgen zu viel Arbeit ist, können Sie auch viele Vorbereitungen bereits am Abend treffen. Sie können Ihr Müsli bereits am Abend in eine Schüssel füllen. Dann müssen Sie am Morgen nur noch Milch darüber kippen. Sie können bereits das Obst für den Smoothie oder den Verzehr am Stück bereitlegen.

Stellen Sie den Belag für Ihr Brot ganz vorn an die Kühlschranktür, dann haben Sie diesen gleich griffbereit. Natürlich werden Sie einige Minuten Ihres Morgens für die Zubereitung und das konzentrierte Essen Ihres Frühstücks opfern müssen. Aber glauben Sie mir, dies ist ein Opfer, das sich lohnen wird.

Ihr knurrender Magen wird Sie nicht länger von Ihrer Arbeit abhalten. Und die am Morgen zugeführten Nährstoffe werden Ihr Gehirn mit ausreichend Energie versorgen, um bis zum Mittagessen konzentriert bleiben zu können.

Meldet sich dann am Mittag Ihr Magen, sollten Sie auf Ihren Körper hören. Das tägliche Zwiegespräch mit Ihrem Körper ist ein wirklich wichtiger Faktor, um gesund zu bleiben.

Ist Ihr Körper müde, gönnen Sie ihm eine Auszeit. Ist Ihr Körper hungrig, essen Sie etwas.

Würden wir Menschen öfter in uns gehen und auf unseren Körper hören, würden wir einen viel gesünderen Lebensstil pflegen. Gesund zu sein und zu bleiben, ist meist gar nicht schwer. Es ist nur eine Frage der Aufmerksamkeit gegenüber uns selbst.

Haben Sie am Mittag also Hunger, nehmen Sie etwas zu sich. Beachten Sie wieder meinen ersten Tipp und widmen Sie der Nahrungsaufnahme Zeit. Essen Sie nicht, während Sie schnell Ihre Mails checken oder einen Bericht lesen. Machen Sie eine aktive Pause und konzentrieren Sie sich voll auf Ihr Essen.

Genießen Sie Ihr Mittag und spüren Sie, wie Sie jeder Bissen mit neuer Energie füllt. Essen ist eine schöne Tätigkeit. Genießen Sie jeden Bissen. Lernen Sie das Genießen neu, wenn auch Sie, wie Starkoch Bocuse sagt, das Essen verlernt haben und Sie Ihre Nahrung nur noch unkonzentriert herunterschlucken.

Natürlich ist es nicht nur wichtig, die Nahrung achtsam aufzunehmen. Es ist natürlich auch entscheidend, was Sie tagtäglich zu sich nehmen. Wenn Sie auf Ihren Körper achten wollen, um Ihre Gesundheit zu wahren, ist die Versorgung mit essenziellen und für den Körper leicht aufzunehmenden Nährstoffen ein wichtiges Puzzle-Stück. Füllen wir unseren Körper mit gesunder Nahrung, arbeitet der gesamte Organismus besser. Sie werden sich rundum wohler fühlen und Ihre Arbeit besser ausführen können und so Ihre Ziele viel einfacher erreichen können.

Ganz einfach können Sie das beim Mittagessen beobachten. Essen Sie nur einen leichten Salat mit viel Gemüse und vielleicht ein paar Samen und Nüssen, können Sie im Anschluss Ihre Arbeit wieder mit Leichtigkeit aufnehmen.

Essen Sie aber etwas sehr schwer Verdauliches, wie ein riesiges Schweinesteak mit Sahnesoße, wird Ihnen die Konzentration nach der Mittagspause schwerfallen. Ihr Körper ist zu sehr mit der Verdauung des zugeführten Fetts beschäftigt und kann kaum Energie aufbringen, um das Gehirn in angemessener Geschwindigkeit arbeiten zu lassen. Sie fühlen sich müde und schlapp.

Dieses Phänomen lässt sich sowohl im Laufe des Tages beobachten als auch am Abend. Einem mit überschüssigen Fetten beladener Organismus wird es viel schwerer fallen, in einen erholsamen und tiefen Schlaf hinüber zu gleiten. Essen Sie leicht am Abend, werden Sie einen angenehmen Schlaf finden und sich am Morgen ausgeruht fühlen.

Haben Sie nun ein gesundes Frühstück, ein leichtes Mittag- und Abendessen in Ihren Tagesverlauf integriert, werden Sie bereits erkennbare Fortschritte bei der täglichen Konzentration spüren.

Doch Tagestiefs werden es Ihnen nach wie vor erschweren, zu bestimmten Zeiten Ihres Tages, den Fokus zu behalten. Dann können kleine Snacks zum Einsatz kommen. Damit will ich Ihnen jetzt keinesfalls raten tagtäglich Schokoriegel zu sich zu nehmen. Diese sind sicher kein Bestandteil einer gesunden Ernährung.

Zucker lässt Ihren Blutzuckerspiegel nach oben schnellen. Sie fühlen sich kurzzeitig fit. Doch wenig später erhalten Sie die Quittung für Ihren ungesunden Snack. Der Blutzucker fällt. Sie fühlen sich matt und erschöpft. Ihre Konzentration lässt wieder merklich nach. Verlangt Ihr Körper nach einem kleinen Snack, greifen Sie lieber zu Nüssen oder einem Stück Obst. Ihr Blutzuckerspiegel, bleibt dann im Gleichgewicht. Sie werden mit ausreichend Mineralien und Vitaminen versorgt. Sie fühlen sich automatisch gut und Ihre Stressresistenz steigt zudem auch noch an.

Kaffee und koffeinhaltige Teesorten müssen Sie nicht vermeiden, um einen gesunden Lebensstil pflegen zu können. Wie mit so vielen Dingen im Leben, heißt es auch hier, genießen Sie die Heißgetränke in Maßen.

Gegen einen morgendlichen Kaffee ist nichts einzuwenden. Gerade, wenn Sie den Geschmack von Kaffee mögen und der Genuss Ihnen ein gutes Gefühl verschafft, sollten Sie ihn mit einem guten Gefühl trinken. Wenn Sie ein kleines Ritual aus Ihrem Kaffeegenuss machen, können Sie Ihr liebstes Heißgetränk noch intensiver genießen. Kaufen Sie sich Kaffeebohnen und mahlen Sie Ihren Kaffee selbst. Dann ist er frischer und Sie wertschätzen das Genussmittel viel mehr.

Finden Sie Ihren Weg des perfekten Genusses.

Vielleicht lassen Sie sich eine Espresso–Maschine als Gemeinschaftsgeschenk von Freunden und Familie zum nächsten Geburtstag schenken oder Sie nutzen eine Mokkakanne zum Aufbrühen auf dem Herd.

Welche Methode auch Ihre liebste ist, nehmen Sie sich Zeit für die Zubereitung und den Genuss, wenn Sie Kaffee wirklich mögen. Bedarf es eines großen Aufwandes und ist Ihr Kaffee auch ein wenig teurer, werden Sie automatisch keine fünf Tassen am Tag genießen.

Egal, ob Sie am Morgen Ihren Kaffee trinken oder zu Mittag essen, der Genuss sollte niemals zu kurz kommen. Die Nahrungsaufnahme ist etwas Zentrales in unserem Leben. Wir vergessen das oft.

Wir führen unserem Körper Nahrung zu und bestimmen damit, wie wir uns fühlen, wie gesund wir bleiben, ja sogar wie lange wir leben werden, erkranken wir nicht vorzeitig an einer schweren erbbedingten Krankheit oder fallen einem Unfall zum Opfer.

Und neben dem Aspekt der Gesundheit ist Essen eine Lebensphilosophie. Der konzentrierte Genuss oder das gemeinsame Essen mit Freunden und der Familie kann maßgeblich zu unserem Leben beitragen.

Und die Wahl unserer Nahrungsmittel sagt eine Menge über uns und unsere Einstellung zu unserem Leben und zur Welt aus. Menschen, die gesund und bewusst essen, bejahen das Leben.

Menschen, die auf tierische Produkte verzichten, handeln sogar politisch. Denn Sie sagen Nein zu Tierquälerei und Umweltzerstörung. Menschen, die auf Bioprodukte setzen, sagen Nein zu Pestiziden und Ja zu einem gesunden Lebensstil.

Menschen, die Nahrung aufnehmen, ohne ihr auch nur die geringste Aufmerksamkeit zu widmen, stillen nur Ihren Hunger, ohne sich jeglicher Verbindung von Nahrung, Körper, Seele und der Welt, in der wir alle leben, bewusst zu sein.

Erkennen auch Sie sich den Wert Ihres Selbst und Ihrer Gesundheit und ernähren Sie sich bewusst! Sie werden sich automatisch besser fühlen und sich damit viel besser auf Ihre alltäglichen Ziele und Ihre Lebensträume konzentrieren können.

Schritt 2: Gönnen Sie Ihrem Körper und Ihrem Geist Schlaf!

„Wer sich nachts zu lange mit den Problemen von morgen beschäftigt, ist am nächsten Morgen zu müde sie zu lösen."

(Zitat des deutschen Schriftstellers Rainer Haak)

Schlafstörungen sind in deutschen Schlafzimmern ein weitverbreitetes Phänomen. Etwa vierzig Prozent haben Schwierigkeiten, erholsamen Schlaf zu finden. Am meisten sind Menschen zwischen dem 35. und 55. Lebensjahr betroffen.

Viele der Schlafstörungen sind stressbedingt. Stehen Sie permanent unter Druck, wird es Ihnen sehr viel schwerer fallen Schlaf zu finden. Sind Sie aber zufrieden mit dem Verlauf Ihres Tages, wird es Ihnen leichter fallen, in den Schlaf hinüber zu gleiten und bis zum Morgen durchzuschlafen.

Zunächst einmal ist es wichtig, dass Sie Ihrem Körper überhaupt die Zeit geben, ausreichend Schlaf finden zu können. Gehen Sie erst um Mitternacht ins Bett, stehen aber am nächsten Morgen schon wieder um fünf Uhr auf, gönnen Sie Ihrem Körper keine ausreichende Zeit zur Erholung.

Versuchen Sie wenigstens sieben Stunden Schlaf zu finden. Gönnen Sie sich keine ausreichende Nachtruhe, begünstigen Sie psychische Krankheiten wie Depressionen und Burn-out. Belasten Sie Ihre Psyche durch Schlafentzug wird es Ihnen nicht gelingen, sich auf die wichtigen Dinge im Leben zu fokussieren.

Psychische Belastungen sind mittlerweile für den Großteil der Arbeitsausfälle in Deutschland verantwortlich. 37 Prozent aller Arbeitnehmer sind von Burn-out bedroht.

Es gibt viele Wege psychische Erkrankungen zu vermeiden. Eine der Grundvoraussetzungen, die Erholung zu wahren und somit einen Schutz gegen psychische Erkrankungen aufzubauen, ist ein erholsamer und ausreichender, nächtlicher Schlaf.

Setzen Sie die Hinweise meines Buches in die Tat um, haben Sie bereits wichtige Schritte unternommen, um jede Nacht einen erholsamen Schlaf zu finden und so einer Überbelastung von Körper und Seele vorzubeugen.

Strukturierte Pläne werden Ihnen dabei helfen, Ihre Ziele effektiver zu erreichen. Teilen Sie Ihre Ziele und Aufgaben in die Kategorien dringend und wichtig ein, werden Sie außerdem wertvolle Zeit sparen, die Ihnen dann bleibt, um sich wichtigen Dingen zu widmen.

Zu den wichtigen Dingen im Leben gehört auch ein genügender und erholsamer Schlaf. Und eine gesunde Ernährung ist auch wichtige Grundlage für eine Balance von Körper und Seele und damit auch Grundlage für einen gesunden Schlaf.

Es gibt jedoch auch weitere Lebensweisen, die Sie befolgen sollten, um Ihrem Körper das Ein- und Durchschlafen zu erleichtern.

Meiden Sie den Genuss von Alkohol vor dem Zubettgehen. Auch wenn es manchmal wirkt, als würde Alkohol als wertvoller Helfer beim Einschlafen fungieren, trügt der Schein. Unter Alkoholeinfluss ist der Schlaf nur oberflächlich und wenig erholsam.

Versuchen Sie alle offenen Fragen des Tages vor dem Schlafengehen zu klären. Mit dem Verfassen von Tagesplänen haben Sie ja bereits eine Struktur für den kommenden Tag geschaffen. Ihre Aufgaben dürften Sie nicht mehr beschäftigen. Haben Sie aber vielleicht zusätzlich private Sorgen, versuchen Sie diese vor dem Zubettgehen zu klären.

Auch ist es wichtig, dass Sie sich bereits vor dem Gang ins Schlafzimmer auf die Nacht einstellen. Ein nervenaufreibender Thriller oder die Beschäftigung mit besorgniserregenden Nachrichten ist kein gutes Programm vor dem Schlafen. Lesen Sie lieber ein entspannendes Buch. Intensiver Sport und sehr grelles Licht sind keine Förderer eines erholsamen Schlafs. Versuchen Sie einen regelmäßigen Rhythmus zu finden. Gehen Sie immer zu ähnlichen Zeiten ins Bett, wird dies das Einschlafen fördern.

Genauso können allabendliche Rituale hilfreich sein. Ein allabendlicher Spaziergang oder regelmäßiges Meditieren sind effektive Einschlafhilfen.

Wachen Sie in der Nacht auf, dann setzen Sie sich nicht unter Druck. Schließen Sie die Augen für einige Minuten und versuchen Sie sich zu entspannen. Gelingt es Ihnen nicht wieder einzuschlafen,

nehmen Sie ein Buch zur Hand und lesen Sie solange, bis die Augen wieder schwer werden.

Bewegen Sie sich am Tag viel an der frischen Luft, wird es Ihnen in der Nacht leichter fallen Schlaf zu finden. Meine besten Nächte verbringe ich zumeist nach einem langen Wandertag. Dann brauche ich mich nur in eine waagrechte Position zu begeben und schlummere sofort ein.

Und auch angenehme Luft im Schlafzimmer wird Ihnen einen angenehmen Schlaf bescheren. Schlafen Sie bei geöffnetem Fenster und stellen Sie Grünpflanzen in Ihrem Schlafzimmer auf. Mehr zu den passenden Grünpflanzen im Schlafzimmer erfahren Sie in einem späteren Kapitel.

Auch tagsüber kann ein kleines Nickerchen Wunder wirken. Seit Jahren ist der Begriff Powernap als wichtige Hilfestellung bekannt, um den Nachmittag eines Tages mit neuer Energie in Angriff nehmen zu können.

In Japan und auch anderen Teilen Asiens ist es vollkommen normal, dass die Menschen zur Mittagszeit in der Öffentlichkeit ein Nickerchen einlegen. In Japan ist der kurze Schlaf als Inemuri („i“ (anwesend sein)/„Nemuri“ (Schlaf)) bekannt.

Manche Firmen verordnen Ihren Mitarbeitern sogar den zehn- bis zwanzigminütigen Mittagsschlaf, sodass diese nach dem Mittagsschlaf ausgeruht zur Arbeit zurückkehren können.

In Deutschland ist es eher unüblich, sich in der Mittagspause auf einer Bank niederzulassen und die Augen zu schließen. Arbeiten Sie jedoch zu Hause und überkommt Sie zur Mittagszeit die Müdigkeit, sollten Sie es einmal ausprobieren. Legen Sie sich hin und versuchen Sie für zehn bis zwanzig Minuten die Augen zu schließen.

Länger sollte ein mittäglicher Powernap nicht sein. Sonst verfallen Sie in einen Tiefschlaf und erwachen erschöpfter als zuvor. Ein kleines Nickerchen kann Ihnen jedoch die Kraft zurückgeben, die Sie benötigen, um sich wieder auf Ihre Aufgaben konzentrieren zu können. Manche vermögen es, auch im Büro einen Powernap einzulegen. Vielleicht probieren auch Sie es einmal aus. Schließen Sie die Tür Ihres Büros und machen Sie es sich auf Ihrem Schreibtischstuhl bequem. Stellen Sie sich entweder einen Wecker oder nehmen Sie einen Gegenstand in die Hand. Wenn der Wecker klingelt oder Sie vom Auftreffen des herunterfallenden Gegenstands auf den Boden aus Ihrem Tagschlaf gerissen werden, können Sie konzentriert an die Arbeit zurückkehren.

Um den Fokus im Laufe des Tages zu wahren, kann ein Powernap wirklich Wunder wirken. Ich baue ihn auch hin und wieder zur Mittagszeit ein, sofern meine Konzentration drastisch nachlässt und ich müde werde.

Schritt 3: Betätigen Sie sich sportlich!

„Sorge dich gut um deinen Körper. Er ist der einzige Ort, den du zum Leben hast."

(Zitat des US-amerikanischen Unternehmers Jim Rohn)

Geistige und körperliche Fitness sind eng miteinander verbunden. Sind wir krank oder müde, vermögen wir es kaum, konzentriert arbeiten zu können. Ein fitter und gesunder Körper hingegen erzeugt auch einen wachen und konstruktiven Geist.

Mit einem ausreichenden Schlaf und einer gesunden Ernährung haben Sie bereits ein gutes Fundament für einen starken Organismus geschaffen. Sportliche Betätigung wird Ihnen noch ein zusätzliches Plus an Energie und Konzentration bringen.

Zudem beeinflussen sich die drei Faktoren Sport, Schlaf und Ernährung gegenseitig. Mit einer gesunden Ernährung schaffen wir die Grundlage für einen gesunden Körper, der in der Lage ist, sportliche Leistungen zu erbringen und gut schlafen zu können.

Sport, vor allem solcher, dem wir an der frischen Luft nachgehen, ist eine willkommene Hilfe, leiden wir unter Einschlafproblemen.

Um rundum gesund zu sein und damit die eigene Lebensgrundlage zu wahren, benötigen wir ein ausbalanciertes Zusammenspiel

aus allen drei Faktoren. Nur wer seinen Körper ausreichend mit gesunden Nährstoffen versorgt, kann erfolgreich Sport treiben.

Nur wer ausreichend schläft, ist ausgeruht genug, um Sport treiben zu können. Wer Sport treibt, wird besser schlafen können und sich meist auch automatisch besser ernähren.

Doch wie gelingt es Ihnen nun, sportliche Aktivitäten sinnvoll in Ihren Arbeitsalltag einzubauen. Oft haben Sie vielleicht das Bedürfnis sich mehr bewegen zu wollen, der Gang ins Fitnessstudio oder das Lauftraining scheint aber zu viel Zeit in Anspruch zu nehmen.

Erst einmal ist ein Tagesplan, der keine sportliche Aktivitäten erlaubt, kein wirklich ausgefeilter Tagesplan. Ist es Ihnen wichtig, Sport zu treiben, sollten Sie das Lauftraining oder das Work-out im Fitnessstudio irgendwie einbauen können.

Manche von uns gehen während der Mittagspause ins Fitnessstudio. Haben Sie zwischen zwei Terminen oder zwei Vorlesungen also Zeit, sollten Sie diese Möglichkeit durchaus in Betracht ziehen.

Sehen Sie die sportliche Aktivität niemals als Zeitverschwendung an! Aktivitäten, die Sie glücklich machen, sind niemals Zeitverschwendung, solange Sie sich selbst oder anderen nicht schaden.

Zum anderen können Sie mit dem Ausüben sportlicher Aktivitäten eine Menge positiver Effekte verzeichnen. Sie halten Ihren Körper fit und gesund. Es wird Ihnen nach einer Sporteinheit wieder viel leichter fallen, sich auf Ihre Arbeit zu konzentrieren. Sie bringen Abwechslung in Ihren Alltag. Sie werden einen erholsamen Schlaf am Abend finden! Sie sollten herausfinden, zu welcher Tageszeit Ihnen Sport den größten Nutzen bringt. Manche treiben gern Sport am Morgen. Der gewollte Anstieg des Pulses und Blutdrucks gibt jenen den richtigen Schwung für den Tag, der vor Ihnen liegt.

Andere treiben gern Sport in der Mitte des Tages, andere am Ende eines Arbeitstages. Sie sollten nur nicht direkt vor dem Schlafengehen anstrengende Work-Outs absolvieren. Das wühlt Körper und Geist zu sehr auf und wird so zum Hindernis beim Einschlafen.

Haben Sie die passende Tageszeit für Ihre sportlichen Aktivitäten gefunden, dann planen Sie Ihre Sporteinheiten ganz aktiv in Ihre Tagespläne ein. Sie müssen nicht an einem jeden Tag Sport treiben.

Wenn Sie sich drei Mal die Woche sportlich betätigen, werden Sie einen Anstieg an körperlicher Fitness, damit eine höhere Stressresistenz und eine bessere Konzentrationsfähigkeit vermerken können.

Dabei müssen Sie weder Marathon–Training noch sechzig Kilometer lange Radtouren noch Hanteltraining mit schwersten Gewichten absolvieren. Auch leichtere Formen des Work–Outs wie lange Spaziergänge in schnellerem Schritttempo oder Thai Chi werden Ihnen all diese Vorteile bringen.

Können Sie sich nur sehr schwer zu Sporteinheiten motivieren, können Apps oder die Mitgliedschaft in einer Sportgruppe helfen. Erinnert Sie eine App an Ihre täglichen Übungen, führen Sie diese vielleicht eher aus. Haben Sie für einen Yoga–Kurs bezahlt, sind Sie vielleicht motivierter, jeden Dienstag und Donnerstag ins Studio zu gehen.

Auch wenn Sie zu Beginn nur Sport treiben, weil Sie fit werden oder abnehmen wollen – nach einer Zeit werden Sie bemerken, wie viele Vorteile Ihnen die körperliche Betätigung bringt. Sie werden sich gut fühlen und deshalb den Sport auch lieben lernen.

Das Geheimnis eines fitten Körpers ist der feste Wille zur Gesundheit. Wenn Sie selbst immer wieder angeben, keine Zeit zu haben, sich gesund zu ernähren oder Sport zu treiben, dann belügen Sie andere und vor allem sich selbst.

Wenn Sie Ihren Körper nicht mit gesunder Ernährung und sportlicher Betätigung ehren, dann wird es Ihnen nicht gelingen, Ihre Ziele auf Dauer zu erreichen. Ihre Konzentration leidet ebenso wie Ihre Gesundheit. Sie finden keinen erholsamen Schlaf und fühlen sich matt und schlapp.

Sorgen Sie jedoch dafür, dass Sie gesund und fit bleiben, werden Sie sich an einem jeden Tag gut fühlen. Sie werden resistenter gegen Krankheiten und Stress. Es wird Ihnen leichter fallen, tägliche Aufgaben schnell zu erfüllen und so Ihre Lebensziele zu erreichen.

Wohlfühl-Strategien: Erfolg in angenehmer Arbeitsatmosphäre

„Ein Künstler braucht für die Entfaltung seiner Kunst den Umgang mit Ideen und eine geistige Atmosphäre und Ruhe, Frieden, Einsamkeit."

(Zitat des irischen Schriftstellers Oscar Wilde)

Egal ob Künstler, Student, Manager oder Hausfrau - Wir alle können in einer Atmosphäre, in der wir Ruhe finden, unsere Fähigkeiten am besten entfalten. Eine friedliche Atmosphäre hilft uns bei der Konzentration. Wir können uns auf unsere Kunstwerke, unsere Unterlagen oder häuslichen Aufgaben fokussieren, ohne vom Handyklingeln, Besuchern oder Mitbewohnern gestört zu werden.

Egal, welchen Zielen wir am Tag auch nacheifern, erfolgreich werden wir so nur erfüllen können, behalten wir sie im Fokus. Natürlich können wir uns nicht tagtäglich von unserer Umwelt abschotten.

Im Büro müssen wir ans Telefon gehen, wenn es klingelt oder die Fragen von Kollegen beantworten. Zuhause müssen wir nach den Kindern schauen, wenn diese nach uns rufen oder dem Postboten die Tür aufmachen.

Dennoch können wir uns kleine Oasen schaffen, die nur uns gehören. Ich habe im ersten Abschnitt meines Buches bereits die stille Stunde erwähnt. Sie ist ein gutes Mittel, um im Alltag zumindest für eine Weile eine ungestörte Atmosphäre zu schaffen.

Jeder hat das Recht, sich eine solche Atmosphäre zu schaffen. Im Büro können Sie am Morgen das Telefon für eine Stunde dem Anrufbeantworter überlassen. Daheim können Sie die Kinder eine Stunde Ihrem Partner zuweisen, um sich Ihrem Hobby zu widmen.

Nur wer die Ruhe findet, sich voll und ganz zu konzentrieren, kann seine Fähigkeiten vollkommen entfalten. Ruhe muss nicht immer heißen, von der Außenwelt völlig abgeschnitten zu sein. Ruhe kann Ihnen auch ein Raum geben, der aufgeräumt ist und in dem Sie sich wohlfühlen.

Haben Sie sich das erste Kapitel des ersten Teils meines Buches zu Herzen genommen, haben Sie einen wichtigen Schritt zu einer angenehmen Arbeitsatmosphäre getan.

Ihr Schreibtisch, ihr Büro, ihr Leben ist aufgeräumt. Nicht nur werden Sie mit der geschaffenen Ordnung wertvolle Zeit sparen. Sie wird Ihnen auch zu einer besseren Konzentration verhelfen.

In einem chaotischen Umfeld ist es schwer, seinen Plänen und Träumen strukturiert zu folgen. Unnötige, herumliegende Dinge lenken ab und lösen negative Gefühle aus. Doch Ordnung ist nur ein Teil eines angenehmen Umfelds, in dem Ideen entstehen können und Sie Ihre Fähigkeiten voll entfalten können.

Schritt 1: Eliminieren Sie digitale Ablenkungen!

„Die Stille stellt uns keine Fragen, aber sie kann uns auf alles eine Antwort geben."

(Zitat des österreichischen Schriftstellers Ernst Ferstl)

Das Aufräumen Ihres Arbeitsplatzes war nur der erste Schritt auf dem Weg zu einem angenehmen Arbeitsumfeld, in dem Sie unbeschwert und ohne unnötigen Stress Ideen in die Tat umsetzen können.

Es gibt noch viele andere Möglichkeiten, um angenehme Stille in den Alltag zu integrieren. Lenken uns weder Geräusche noch Unterbrechungen jeglicher Art ab, können wir uns an einer ungestörten Arbeitsatmosphäre erfreuen. Unsere Gedanken und Ideen können sich besser entfalten.

Eine der größten Errungenschaften, aber die wohl auch größte Einschränkung, geht es ums ungestörte Arbeiten, ist die digitale Technologie. Das Internet, zu dem wir mithilfe von Handy, Tablet und Laptop uneingeschränkt und zu jeder Tageszeit Zugang haben, schenkt uns eine Fülle neuer Freiheiten.

Verstehen Sie mich nicht falsch – Ich bin dankbar für die Technologie, die mir in so vielen Lebenslagen zur Hilfestellung wird. Sind wir auf Reisen, hilft uns das Smartphone dabei, wichtige Informationen zu erhalten, Hotels zu buchen, Transportmöglichkeiten auszumachen und nutzen zu können.

Mit dem Handy können wir ganz einfach online Busreisen buchen, Hotelreservierungen vornehmen und in Onlineenzyklopädien oder auf Blog-Einträgen nach Informationen suchen. Die Welt eröffnet sich uns mit einem einzigen Klick.

Dank der modernen Technologie haben viele von uns die Möglichkeit, jederzeit und überall zu arbeiten. Wir müssen unsere Aufgaben nicht mehr im Büro ausführen. Wir können den Laptop im Café aufstellen, ihn sogar am Strand oder Park nutzen. Doch diese Freiheiten, die sich uns mit diesen Möglichkeiten eröffnen, haben ihren Preis. Wir sind nicht mehr an feste Arbeitszeiten gebunden. Arbeit und Freizeit verschwimmen miteinander. Wir sind stets erreichbar.

Volle Konzentration ist kaum möglich, werden wir durch Benachrichtigungen von Smartphone und Laptop ständig gestört. Natürlich rate ich Ihnen jetzt keineswegs dazu, Ihr Handy im gesamten Tagesverlauf abzuschalten. Vielleicht reservieren Sie sich eine gewisse Zeit in Ihrem Alltag, in der Sie Ihr Handy auf lautlos stellen und auch die E-Mail-Benachrichtigungen an Ihrem Rechner oder Laptop deaktivieren. Bauen Sie eine stille Stunde in Ihren Alltag ein, in der Sie digitale Ablenkungen komplett meiden.

Schalten Sie das Telefon aus, verzichten Sie auf jegliche Benachrichtigungen. Zu Beginn wird es Ihnen vielleicht schwerfallen. Sie werden vielleicht Angst bekommen, einen wichtigen Anruf oder eine wichtige Nachricht verpassen zu können.

Aber ich verrate Ihnen etwas. Sie müssen nicht zu jeder Sekunde eines Tages erreichbar sein. Nur, weil man könnte, heißt noch lang nicht, dass man tatsächlich muss. Sie werden erstaunt sein, welch Freiraum Sie sich mit dem kurzen Verzicht auf die digitale Welt verschaffen.

Es wird Ihnen gelingen, sich für eine kurze Zeit ganz auf Ihre Arbeit konzentrieren zu können. Nach einem Telefonat und sei es noch so kurz, brauchen Sie ein paar Momente, bis Sie sich wieder auf Ihre Aufgabe konzentrieren können. Ebenso verhält es sich mit Nachrichten jeglicher Art.

Benachrichtigungen lenken uns von dem, was wir gerade tun, ab. Egal, wie unwichtig sie auch sein mögen, wir widmen ihnen Zeit und verschenken wertvolle Konzentration, die wir unserer eigenen Aufgabe hätten widmen sollen.

Finden Sie an einem jeden Tag eine oder vielleicht sogar mehrere Stunden, in denen Sie keine digitalen Unterbrechungen zulassen und ganz in Ruhe Ihre Tagesziele verfolgen.

Schritt 2: Bringen Sie Ruhe und Zufriedenheit in Ihre Umgebung!

„Denn alle rennen nach dem Glück, das Glück rennt hinterher."

(Zitat aus der ‚Ballade von der Unzulänglichkeit menschlichen Planens' von Bertolt Brecht)

Hektik und Stress ist der Nährboden für Unachtsamkeit und Unaufmerksamkeit. Hetzen wir durch unseren Arbeitsalltag, werden wir unsere Ziele nicht oder nur schwer erreichen. Und das Glück wird auf sich warten lassen.

Die Ruhe liegt natürlich vorrangig in uns selbst. Doch auch unsere Umgebung hat einen großen Einfluss auf unser Befinden. Ist unsere Umgebung hektisch, werden wir es meist auch. Strahlt unsere Umgebung jedoch Stille und Frieden aus, fällt es auch uns viel leichter zu entspannen.

Stellen Sie sich einmal eine Umgebung vor, in der Sie am besten Ruhe und Frieden finden können. Sicher denken Sie weder an mit Menschen gefüllte Innenstädte, verstopfte Autobahnen oder einen überfüllten Flughafen.

Vielmehr haben Sie wohl das Rauschen des Meeres im Kopf oder Sie sitzen an einem ruhigen Flusslauf. Geht es um Ruhe und Frieden, sind wir Menschen sehr ähnlich. Es gibt gewisse Orte, an denen wir alle Entspannung finden können.

Das Meer, der Wald, die Berge. Meist ist es die Natur, die uns ein Gefühl der Ruhe vermittelt. Ganz leicht können Sie Ihren ganz persönlichen Ort der Ruhe und Entspannung an Ihren Arbeitsplatz integrieren. Hängen Sie ein Landschaftsgemälde an die Wand, stellen Sie ein Foto Ihres liebsten Urlaubsortes auf Ihren Schreibtisch auf oder streichen Sie Ihr Büro in den Farben Ihres liebsten Ortes.

Vielleicht sorgt eine grüne Wand für ein Gefühl des Waldes in Ihrem Büro. Bringen Sie ein paar blaue Wellenlinien oder Möwen an Ihrer Wand an, um täglich an das Meer erinnert zu werden!

Vielleicht helfen Ihnen nicht nur visuelle, sondern auch akustische Effekte, um Ihren Ort herbeizurufen. Entspannungslaute wie das Rauschen des Meeres oder eines Baches können Sie über ein Audiogerät abspielen.

Vielleicht verhelfen Ihnen auch klassische Klänge, um Entspannung während Ihrer Arbeit zu finden. Probieren Sie es aus. Manch einer bevorzugt die absolute Stille beim Arbeiten. Manch einem helfen leichte Klaviermelodien, um sich besser konzentrieren zu können. Finden Sie das richtige Mittel für sich selbst.

Auch persönliche Gegenstände können positive Gefühle in uns auslösen. Fotos Ihrer Liebsten können über Tiefpunkte während des Arbeitsalltags hinweghelfen. Manchmal reicht der bloße Blick in die Gesichter Ihres Partners oder Ihrer Kinder, um Sie an ein schönes privates Vorhaben zu erinnern. Mit dem Gedanken an den Ausflug am Wochenende, gehen Sie wieder voller Tatendrang ans Werk.

Schritt 3: Nutzen Sie die positiven Aspekte von Zimmerpflanzen!

„Bei jedem Schritt in der Natur bekommt jemand weit mehr, als er sucht."

(Zitat des US-amerikanischen Naturphilosophen John Muir)

Wo lässt es sich schon besser entspannen als in der freien Natur? Eine Wanderung im Wald, ein Ausflug ins Grüne, ein Urlaub am Meer kann uns oft mehr geben als ein Luxusurlaub im edelsten Hotel. Natürlich lässt sich ein ausgiebiger Waldspaziergang oder ein Abstecher ans Meer oder einen See nicht für jeden in den Alltag einbauen. Aber das ist auch gar nicht nötig, um sich die Kraft von Mutter Natur zunutze zu machen.

Können Sie Wald, Meer und Wiese nicht ständig aufsuchen, dann bringen Sie sich die Natur einfach in die eigenen vier Wände!

Es ist erwiesen, welch positiven Einfluss Zimmerpflanzen auf unseren Alltag haben können. Vielleicht stellen Sie eine Palme in Ihrem Büro auf, die Ihnen dabei hilft, sich an die schönen Tage am Mittelmeer zu erinnern. Der Anblick bringt Ihnen vielleicht die Gerüche der Pinien zurück. Vielleicht schmecken Sie das Salz des Meeres wieder auf der Zunge und hören das Zirpen der Zikaden.

Vielleicht hilft Ihnen ein Zimmerfarn dabei, sich in den Wald Ihrer Träume zu denken. Sie schließen einfach die Augen und schon stehen Sie gedanklich auf dem mit Moos bedeckten Waldboden und schauen hinauf in die Waldkronen.

Eine groß angelegte Studie aus Großbritannien mit 10.000 Teilnehmern hat ergeben, dass Menschen, die von Pflanzen umgeben sind, glücklicher sind als Menschen, denen der Zugang zu grünen Milieus verwehrt ist.

Zimmerpflanzen sind also ein wichtiger Schritt zu einem Heim und Arbeitsumfeld, die Sie mit Glück erfüllen. Haben Sie in der Mittagspause die Möglichkeit, in einen Park zu gehen, dann tun Sie dies noch zusätzlich. Umso mehr Grün Sie in Ihr Leben integrieren können, umso mehr Zufriedenheit werden Sie verspüren. Umso länger Sie sich im Grünen aufhalten, umso besser wird Ihre Gemütsverfassung sein. Und umso wohler Sie sich fühlen, umso besser wird es Ihnen gelingen den Fokus auf die wichtigen Dinge des Lebens zu lenken.

Zimmerpflanzen erfüllen Geist und Körper mit Produktivität. Insgesamt sollen Mitarbeiter, die in einer grünen Arbeitsatmosphäre tätig sind, 15 Prozent effektiver und schneller arbeiten, als solche, die in einem tristen Büro ohne Pflanzen arbeiten.

Doch Zimmerpflanzen können uns nicht nur glücklich machen und unsere Produktivität steigern. Sie haben auch einen positiven Effekt auf unsere Gesundheit. Sie binden Schadstoffe in der Luft, produzieren Sauerstoff, sorgen so für bessere Luft an Ihrem Arbeitsplatz und helfen bei der Konzentration auf bevorstehende Aufgaben.

Auch sehr pflegeleichte Pflanzen wie Bogenhanf oder Kolbenfaden binden Giftstoffe, die durch Teppichbelag, Farbe und Tapetenkleber in der Luft konzentriert sein können und sorgen so für eine bessere Versorgung unseres Gehirns mit Sauerstoff.

Zimmerpflanzen können auch als Schalldämpfer eingesetzt werden. Befindet sich Ihr Arbeitsplatz in der Innenstadt, kann der durch Autos, Passanten und Baustellen verursachte Lärm Ihr Konzentrationsvermögen senken.

Pflanzen bieten einen Schallschutz. Die grünen Helfer dämpfen die störenden Geräusche und helfen Ihnen damit auch mit dieser Eigenschaft, den Fokus auf Ihre Arbeit zu wahren.

Mit speziellen Grünpflanzen können Sie auch ganz gezielt Effekte für das Büro oder Ihr Zuhause erzielen. Wie ich im vorherigen Kapitel ausgeführt habe, ist ein erholsamer, ausgiebiger und regelmäßiger Schlaf unerlässlich für einen gesunden Körper, mit dem Sie in der Lage sind, sich zu konzentrieren, und auf Ihre Aufgaben zu fokussieren.

Mit Zimmerpflanzen bringen Sie Grün und damit Wohlbefinden in Ihr Büro, Ihr Zuhause und in Ihr Leben. Fühlen Sie sich wohl, können Sie sich besser konzentrieren, produktiver arbeiten und damit Ihre Zeit besser nutzen.

Schritt 4: Bauen Sie motivierende Elemente in Ihre Arbeitsumgebung ein!

„Was der Turbolader für den Motor ist, das ist die Motivation für die Arbeitsleistung.“

(Zitat des deutschen Schriftstellers Hermann Lahm)

Neben Ruhe und allgemeiner Zufriedenheit ist Motivation eine ganz entscheidende Voraussetzung, um über den ganzen Tag am Ball zu bleiben. Finden Sie immer wieder Gründe, um Ihre Arbeit voranzutreiben, behalten Sie den Fokus und Ihre Arbeitsmoral.

Es gibt ganz unterschiedliche Arten, um sich im Verlaufe eines Tages Motivation zu verschaffen. Oft sind es die kleinen Dinge, die uns ein positives Gefühl vermitteln und damit dazu anhalten, voller Tatendrang weiter zu machen.

Zunächst ist es wichtig, dass Sie Erfolge als solche ansehen und diese mit Stolz würdigen. Haben Sie ein wichtiges Projekt erfolgreich abgeschlossen, hetzen Sie nicht gleich zum nächsten. Gönnen Sie sich eine kurze Auszeit und genießen Sie den Moment. Vielleicht informieren Sie jemanden über Ihren Erfolg und teilen damit Ihre positiven Gefühle. Vielleicht rufen Sie Ihren Partner an und sagen ihm, dass Sie gerade eine Aufgabe gemeistert haben.

Oder Sie gönnen sich etwas. Gehen Sie hinaus und essen Sie ein Stück Obstkuchen oder trinken Sie eine besondere Kaffeespezialität, die Sie sich nicht jeden Tag gönnen.

Haben Sie ein sehr großes Projekt abgeschlossen und Sie liegen gut im Zeitplan, nehmen Sie sich vielleicht die letzte Stunde des Arbeitstages frei und verbringen Sie ihn mit Freunden und Familie.

Aber nicht nur die Vollendung großer Projekte sollten wir würdigen. Genießen Sie es auch, haben Sie eine Tagesaufgabe vollendet. Vielleicht haken Sie die getane Arbeit genussvoll in Ihrem Kalender ab. Oder Sie werfen die Notiz, die Sie nicht mehr benötigen mit Genuss in den Papierkorb. Auch beim Erarbeiten eines Projekts, dessen Ende noch nicht in Sicht ist, sollten Sie ab und an in sich gehen, um die Motivation zu halten. Vielleicht hilft es Ihnen ein Bild eines Urlaubsziels auf Ihrem Schreibtisch aufzustellen oder digital als Hintergrundbild auf Ihrem Computer zu installieren.

Es tut oft gut, erinnern wir uns daran, warum wir unsere beruflichen Aufgaben erfüllen wollen. Egal, welche Arbeit wir auch erledigen, wir verfolgen damit immer einen Zweck. Manchmal ist dieser Zweck kein höherer, als Geld zu verdienen. Dann sollten wir ein Bild unserer Familie oder das Bild eines geplanten Reiseziels als Motivation nutzen.

Mentale Strategien: Training für einen fokussierten Geist

„Suche Stunden der Sammlung, damit die Seele zu dir sprechen kann!"

(Zitat des deutsch-französischen Arztes und Friedensnobelpreisträgers Albert Schweitzer)

Sie haben nun die perfekte Arbeitsatmosphäre geschaffen und fühlen sich gesund und fit. Das sind die besten Voraussetzungen, um Ihre Konzentration beim Arbeiten zu wahren.

Wir leben jedoch in einer Welt, die uns das Fokussieren nicht gerade einfach macht. Im Fernsehen, im Internet und bei Streaming-Diensten werden wir tagtäglich mit unzähligen Bildern konfrontiert, die unseren Geist ungebremst stürmen und ablenken.

Unserem Gehirn fällt es zum einen schwer, all diese Eindrücke zu verarbeiten. Zum anderen sind wir an den täglichen Überfluss an Informationen und Unterhaltung auch gewöhnt. Es fällt uns immer schwerer, uns auf ein Objekt zu konzentrieren und die Aufmerksamkeit für einen längeren Zeitraum zu halten. Unser Gehirn ist wie eine riesige Festplatte. Meist sind Tausende Programme und Dokumente zur gleichen Zeit geöffnet. Wollen wir uns konzentrieren, muss es uns gelingen, die unnötigen Programme und Ordner zu schließen.

Denn Konzentration ist die Fähigkeit, unsere Aufmerksamkeit ganz zielgerichtet auf eine Sache lenken zu können. Manchmal merken wir gar nicht, wie unsere Konzentration und damit der Fokus von der Aufgabe, der wir uns gerade widmen, abdriftet. Es gibt einige Anzeichen für mangelnde Konzentration. Stellen Sie zum Beispiel fest, dass Sie mit den Fingern auf dem Schreibtisch herum trommeln oder mit Ihren Beinen zucken, können Sie sich sicher sein, dass Sie den Fokus auf IhreAngelegenheit verloren haben.

Schritt 1: Bauen Sie Konzentrationsübungen in Ihren Alltag ein!

„Es ist außerordentlich schwierig und anstrengend, sich der inneren und äußeren Ablenkungen voll bewusst zu werden; doch nur durch das Verstehen ihrer Natur und ihrer Wirkungsweise und nicht, indem man sie ablehnt, findet man jene umfassende Konzentration."

(Zitat der indischen Philosophen Jiddu Krishnamurti)

Der effektivste Weg, um im Alltag den Fokus auf die wirklich wichtigen Dinge lenken zu können, sind tägliche Konzentrationsübungen.

Oft erkennen wir gar nicht, wie gestresst wir doch durch den Alltag hetzen und wie wenig konzentriert wir eigentlich arbeiten. Wir neigen dazu, schnell zu fluchen, treten technische Probleme mit dem Computer auf. Und gelingt eine Aufgabe einmal nicht so, wie wir es uns vorgestellt werden, beginnen wir schnell zu verzweifeln.

Doch solche Überreaktionen führen uns immer weiter weg vom Fokus unseres eigentlichen Daseins. Damit wir unsere Ziele im Blick behalten und lernen können, uns von möglichen Stolpersteinen nicht gleich vom Weg abbringen zu lassen, benötigen wir ein hohes Maß an Gelassenheit.

Gelassenheit bedeutet nicht, dass uns alles egal sein sollte. Aber Störungen, die wir nicht ändern können, können wir leichter hinnehmen, haben wir durch tägliche Meditationsübungen gelernt, unseren Geist durch diese Unannehmlichkeiten nicht ablenken zu lassen.

Jede Störung, die wir als solche wahrnehmen, ist nichts als ein Urteil, das wir über unsere Umwelt fällen. Stört Sie der Lärm auf der Baustelle unter Ihrem Fenster, haben Sie diese als negativ eingestuft. Stört Sie das Ticken einer Uhr oder das Brummen des Kühlschranks, stufen Sie das Geräusch als negativ ein.

Sie kennen es vielleicht auch, dass Sie jemand auf ein Geräusch oder ein anderweitiges Problem aufmerksam macht und Ihnen erst dann bewusst wird, dass es überhaupt existiert. Zuvor haben Sie das Geräusch oder das Problem gar nicht wahrgenommen, doch jetzt, da Sie um es wissen, stört es sie.

Konzentrationsübungen helfen dabei, solche negativen Gefühle gar nicht erst aufkeimen zu lassen und Geräusche oder andere unvermeidbare Störungen von außen oder innere Emotionen nicht länger zu werten. Werten wir diese Ablenkungen nicht, stören Sie uns auch nicht.

Genauso wie sportliche Aktivitäten, die Ihren Körper fit halten, sollten sie Konzentrationsübungen deshalb unbedingt in Ihren Alltag einbauen, um einen aufmerksamen und damit gesunden Geist zu schaffen. Ein Läufer trainiert mit regelmäßigem Joggen seine Ausdauer, ein Kraftsportler trainiert seine Muskelkraft mit regelmäßigen Kniebeugen, Liegestützen und Gewichtheben. Ebenso lässt sich auch Ihre Konzentration mit täglichen Übungen stärken.

Dabei sind sportliche Übungen und Konzentrationsübungen von Grund auf vollkommen verschieden. Sportler spannen Ihre Muskeln an, um Laufen zu können oder Gewichte zu heben. Konzentrationsübungen sind dagegen daraus ausgelegt, den Geist zu entspannen. Sie müssen loslassen, statt an Problemen und Sorgen festzuhalten.

Runzeln Sie die Stirn und versuchen Sie mit aller Kraft Ihre Gedanken auf einen Punkt zu fokussieren, wird Ihnen das nicht gelingen. Konzentrationsübungen sind viel mehr das aufmerksame Zusammenbringen aller Gedankengänge und das Sammeln dieser auf einen Punkt. Sie können sich diesen Vorgang metaphorisch wie ein Flussdelta vorstellen. Viele Wasserläufe kommen zusammen, um sich gemeinsam ins Meer zu ergießen. Ebenso wie das angesammelte Wasser muss es Ihnen gelingen, Ihre Konzentration auf einen Punkt, in diesem bildlichen Beispiel das Meer, zu richten.

Fangen Sie am besten gleich an und machen Sie tägliche Meditation zur gewohnten Routine. Die beste Tageszeit für Ihre Entspannungsübungen ist der Morgen. Dann sind Sie ausgeruht und frei aller Gedanken, Gefühle, Begegnungen und Herausforderungen des Tages.

Viele üben Meditationsübungen auch am Abend vor dem Zubettgehen aus. Dagegen ist nicht das Geringste einzuwenden. Ich habe für mich nur festgestellt, dass es mir am Morgen leichter fällt, meinen Geist auf einen Punkt zu fokussieren.

Zu keiner Tageszeit scheint mir der Geist freier als am Morgen nach dem Aufstehen. Ereignisse des Tages haben dann noch keinerlei Einfluss auf mein Denken. Ich fühle mich freier von Sorgen und Bedenken als zu jeder anderen Tageszeit.

Haben Sie aber am Abend eher das Gefühl, sich konzentrieren zu können, weil Sie die Anstrengungen des Tages hinter sich gebracht haben, dann führen Sie Ihre Konzentrationsübungen am Abend aus. Manch einer von Ihnen findet vielleicht sogar im Laufe des Tages die Ruhe, um zu meditieren.

Finden Sie also zu der für Sie passenden Tageszeit einen ruhigen Platz, um Ihrer ab dem heutigen Tag täglichen Meditation nachzugehen. Die Zeit für die Übungen ist sehr sinnvoll investiert, denn sie werden Ihnen helfen die Aufgaben, die vor Ihnen liegen, viel fokussierter meistern zu können. Die Übungen sind sogar noch mehr als Helfer, um die Konzentration zu wahren. Tägliche Meditation wird Ihnen dabei helfen, der hektischen Außenwelt zu entkommen und all den Stress, dem Sie tagtäglich begegnen, besser abfedern zu können. Lenken Sie den Fokus auf Ihr Inneres, werden Sie in der Lage sein, auch bei Aufgaben, die Sie einmal unter Zeitdruck erledigen müssen, ruhig und gelassen zu bleiben.

Sie werden dank der Konzentrationsübungen erkennen, dass es sich nicht lohnt, sich über einen abgestürzten Laptop oder ein verlorenes Dokument zu ärgern. Vielmehr werden Sie lernen, Abstand zu den Problemen zu gewinnen. Statt wertvolle Zeit zu verlieren und sich körperlich und geistig zu belasten, weil Sie über schief gelaufene Dinge die Fassung verlieren, werden Sie nach Lösungen suchen.

Vor vielen Jahren habe ich von einem Yogi einen guten Rat über die Vermeidung von Ärger erhalten. Ich fragte den Mann, der egal, was geschah, immer so gelassen reagierte, wie er es meisterte, sich über nichts in der Welt aufzuregen. Er lachte und sagte zu mir, dass er einst auch zu Flüchen ausholte, wenn in der Vergangenheit ein Missgeschick geschehen war. Aber heute habe er die Fähigkeit, Abstand zu den Geschehnissen zu gewinnen.

Das sei ganz einfach. Geschehe etwas, dass ihn früher zur Weißglut getrieben habe, würde er heute einfach aus der Situation herauszoomen. Einmal wäre sein Portemonnaie verschwunden gewesen. Statt sich über den Verlust zu ärgern, trete er aus seiner gegenwärtigen Situation heraus. Er versuche sich vorzustellen, welche Konsequenzen der Verlust in einigen Monaten hätte. Würde der Verlust des Portemonnaies sein Leben beeinträchtigen? Oder war es nur zum jetzigen Zeitpunkt ärgerlich, weil er Kreditkarten sperren und seine Papiere neu beantragen müsse.

Ich dachte intensiv über seine Worte nach und kam zu dem Schluss, dass eine solche Handlungsweise mir viel unnützen Ärger nehmen könnte. Natürlich waren Dinge wie der Verlust des Portemonnaies oder der Absturz des Computers ärgerlich.

Aber jedes Mal, wenn etwas geschah, über das ich mich zu ärgern anfing, versuchte ich mich an die Worte des Yogis zu besinnen und dachte intensiv darüber nach, ob diese Sache wirklich einen großen negativen Einfluss auf mein Leben hätte. Oft komme ich zu dem Schluss, dass mein Ärger darüber völlig unnütz war.

Investieren Sie die Zeit, in der Sie sich über eine missglückte Sache ärgern würden, lieber darin eine Lösung für das Problem zu finden und gelingt es Ihnen, positiv zu bleiben, werden Sie weniger von psychischem Stress heimgesucht werden und wertvolle Zeit gewinnen.

Ich gebe natürlich zu, dass auch ich mich immer noch dabei erwische, wie ich mich über Dinge ärgere. Abstand zu den eigenen Alltagsproblemen zu gewinnen, ist ein Prozess. Es braucht Zeit, auch in schweren Situationen Ruhe und Gelassenheit zu behalten. Tägliche Meditationsübungen können dabei eine wertvolle Hilfe sein.

Ebenso wie uns die digitale Welt mit Reizen überflutet, und damit die Konzentration raubt, können digitale Programme auch zum Werkzeug Ihrer Konzentrationsübungen werden.

Verschiedene Apps helfen bei der täglichen Meditationsroutine. Geführte digitale Kurse bringen Sie auf den richtigen Pfad der Entspannung. Sie lernen, sich auf Ihren Atem zu konzentrieren und aufkommende Ablenkungen einfach wie Wolken an sich vorbei ziehen zu lassen. Wichtig ist es, Geduld mitzubringen. Es wird Ihnen mit der ersten Übung nicht gelingen, Ihren Fokus für ganze zehn Minuten auf Ihr Inneres zu richten.

Und dennoch wird Sie jede Übungseinheit ein Stückchen weiterbringen. Schon sehr bald werden Sie spüren, wie Ihnen Aufgaben leichter von der Hand gehen und wie Sie nicht mehr so leicht aus der Fassung zu bringen sind.

Setzen Sie sich bei täglichen Konzentrationsübungen keinesfalls unter Druck! Wenn Sie vollkommen angespannt darauf warten, dass etwas Großartiges passiert, wird sich weder Ihre Konzentration noch Ihr Gefühl verbessern. Damit die Konzentrationsübungen Ihnen einen Vorteil beim täglichen Fokussieren auf Ihre Aufgaben bringen, müssen Sie Geduld mitbringen. Es kann mehrere Monate dauern, bis Sie sich beim Meditieren nicht mehr von äußeren Einflüssen ablenken lassen.

Ein Ziehen im Rücken oder ein Geräusch lassen uns schnell den Fokus verlieren. Doch mit der Zeit wird es Ihnen gelingen, den Fokus auf Ihr Inneres zu richten und der Außenwelt keine Beachtung mehr zu schenken. Dann haben Sie einen Schritt in ein neues Leben getan. Ihre täglichen Aufgaben werden Ihnen viel leichter von der Hand gehen. Denn Störungen, welcher Natur Sie auch sein mögen, werden Ihren Geist nicht mehr mit negativen Gefühlen erfüllen.

Sie werden sich nicht länger unter Druck setzen lassen. Stress und Hektik werden Fremdwörter für Sie. Und Sie werden feststellen, wie besser See Aufgaben lösen können, sind Sie in der Lage Ihre Konzentration über den ganzen Tag zu halten.

Auch das Rezitieren von Entspannungsformeln am Abend kann Ihren Geist nachhaltig entspannen und damit für einen besseren Fokus in Ihrem Leben sorgen.

Nehmen Sie sich am Abend vor dem Zubettgehen ein paar Minuten Zeit, um sich zu entspannen und Ihren Geist mit positiven Gedanken zu füllen. Liegt ein stressiger Tag hinter Ihnen, dann loben Sie sich selbst für das Meistern dieser Herausforderung und sagen Sie sich selbst, dass es morgen einfacher werden wird.

Glauben Sie mir, Sie werden am nächsten Tag ein gutes Gefühl verspüren, wenn Sie Ihre Augen öffnen. Richten Sie den Fokus auf Ihr Inneres, werden Sie Ruhe und Zufriedenheit erlangen. Täglich anfallende Aufgaben werden Sie kontrolliert und organisiert erfüllen können. Nur wer die Konzentration wahren kann, dem wird es gelingen, ein effektives Zeitmanagement aufzustellen und vor allem auch den Zeitplan einzuhalten.

Schritt 2: Schützen Sie sich gegen Einflüsse von außen!

„Auf seine eigene Art zu denken ist nicht selbstsüchtig. Wer nicht auf seine eigene Art denkt, denkt überhaupt nicht.“

(Zitat des irischen Schriftstellers Oscar Wilde)

In der heutigen Zeit werden wir permanent von außen beeinflusst. Selbst während des Studiums fällt es uns immer schwerer mit all den Wirkungen der Medien von außen eine eigene Meinung herauszubilden.

Für ein erfülltes Leben ist es deshalb wichtig, diesen Einflüssen hin und wieder keinerlei Beachtung zu schenken, sich ganz auf das eigene Innere zu konzentrieren und wirklich selbstständig seine Gedanken zu formulieren. Wenn uns das nicht gelingt, können wir gar nicht wissen, wonach im Leben wir genau streben. Sind es wirklich unsere Wünsche, denen wir tagtäglich nachgehen? Oder sind es die Bilder, die wir tagtäglich auf Websites, in sozialen Netzwerken und im Fernsehen sehen, die uns Wünsche vorgeben, die gar nicht unsere eigenen sind?

Es muss uns deshalb gelingen, um unser ganz persönliches Glück zu finden, diese Fremdeinflüsse ab und an stumm zu schalten, damit wir uns ganz auf unser Selbst fokussieren können.

Die tägliche Praxis von Entspannungsübungen ist einer der Pfade hin zu Ihrem ganz persönlichen Selbst.

Nur wenige Minuten am Tag, an dem Sie sich ganz auf sich selbst konzentrieren und äußere Einflüsse, seien es Geräusche, Nachrichten, Werbung oder die Meinung anderer vollkommen ausschließen, können zu spannenden Denkanstößen führen.

Probieren Sie es einfach aus. Mir hilft eine zehnminütige Meditation dabei, mich zu sammeln und wirklich einmal bei mir zu sein. Danach stelle ich nicht selten fest, dass eine Meinung, die ich vertreten habe, gar nicht aus meinem Selbst heraus entstand.

Es müssen aber gar nicht unbedingt Meditationsübungen sein, die Sie hin zu sich selbst führen. Auch, wenn Sie sich am Tag nur ein paar Minuten Zeit nehmen, um Ihre eigenen Meinungen und Ansichten zu hinterfragen, werden Sie Ihrem Selbst näher kommen.

Wir Menschen neigen manchmal dazu unterbewusst Meinungen anzunehmen und damit Ziele zu verfolgen, die wir gar nicht intensiv hinterfragen.

Halten Sie einfach einmal inne und fragen Sie sich selbst, ob die Ansichten, die Sie vertreten, wirklich Ihrer Meinung und Ihren Wünschen entsprechen. Können Sie Ihre Ansichten vertreten oder fallen Ihnen vielleicht gar keine guten Gründe ein?

Denken Sie über Ihre Ziele nach. Haben Sie sich in den Kopf gesetzt, irgendetwas anzuschaffen, dann überlegen Sie über einen gewissen Zeitraum, vielleicht über einen Monat, an einem jeden Tag, ob Sie das gewünschte Objekt wirklich brauchen und ob es Ihr Leben wirklich bereichern würde.

Verfahren Sie so auch mit beruflichen Zielen. Sind es wirklich Sie, die diese Beförderung wollen? Wird es Ihr Leben angenehmer gestalten, steigen Sie die Karriereleiter weiter hinauf? Können Sie die Fragen mit Ja beantworten, dann sind Sie auf dem richtigen Pfad. Wenn nicht, sollten Sie Ihre Ziele noch einmal intensiv überdenken.

Wünschen Sie sich eigentlich mehr Zeit mit Ihrer Familie, dann überlegen Sie, ob die Beförderung Ihnen wirklich näher an dieses Ziel heranführt oder ob Sie dann vielleicht noch weniger Freizeit zur Verfügung stehen haben werden. Das, was Ihnen im tiefsten Inneren wichtig ist, kommt dann zu kurz, weil Sie einer Sache nacheifern, dass Sie im tiefsten Inneren gar nicht wollen.

Sie leben nur ein Leben. Nämlich Ihr eigenes. Hinterfragen Sie deshalb regelmäßig Ihre Lebensweise, Ihre Ziele und Wünsche. Handeln Sie wirklich aus eigenem Willen und Antrieb heraus oder sind es die Einflüsse von außen, die Sie tagtäglich steuern?

Wir sind so vielen Bildern, so vielen Slogans, so vielen Meinungen ausgesetzt, dass es uns schwerfällt, uns selbst nicht zu verlieren. Versuchen Sie die Verbindung zu sich selbst nicht zu verlieren. Finden Sie jeden Tag die Zeit, ein Zwiegespräch mit sich selbst zu führen und Ihre Ziele, Ihre Wünsche, Ihre Pfade zu hinterfragen.

Es ist nicht schwer, einen neuen Weg einzuschlagen. Sie müssen in einem ersten Schritt nur erkennen, dass Sie vom Weg abgekommen sind. Versuchen Sie die Verbindung zum eigenen Selbst wieder zu finden und zu wahren. Dann können Sie sicher sein, mit jedem Tag in Ihrem eigenen Interesse und nicht im Interesse anderer, der Medien oder der Werbung zu handeln.

Schritt 3: Begeben Sie sich gedanklich an einen Ort der Entspannung!

„Sei wie ein Fels, an dem sich beständig die Wellen brechen. Er bleibt stehen, während sich um ihn die angeschwollen Gewässer legen.“

(Zitat des römischen Kaisers und Philosophen Mark Aurel)

Ein großes Problem der heutigen Zeit ist der Stress, der fast alle Lebensbereiche durchdringt. Es fängt im Kindesalter bereits an. Termine müssen eingehalten werden. In der Schule stehen manche Kinder extrem unter Druck.

Im Studium hält dieses Phänomen weiter an. Abgabefristen sitzen uns im Nacken. Persönliche Beziehungen müssen gepflegt, Termine eingehalten werden. Das digitale Zeitalter lässt uns nur wenig Freiraum für Ruhe und Erholung. Im Verkehr können wir tagtäglich beobachten, wie gestresste Autofahrer versuchen, sich schnellstmöglich einen Weg über die Straßen zu bahnen.

Sogar im Urlaub schaffen wir es manchmal nicht, uns von unserem Handy zu lösen. Wir setzen und unter Druck, weil wir möglichst viel erleben wollen und vergessen dabei vollkommen einmal abzuschalten und zu entspannen. Dabei ist es wichtig, jeden Tag entspannte Momente zu finden, um im Einklang mit sich selbst und seinem Umfeld zu sein. Wer seine Aufgaben mit Ruhe und Gelassenheit ausführt, wird nicht nur erfolgreich, sondern auch glücklich werden.

Um tägliche Entspannung zu erlangen, bedarf es eigentlich nur des Willens zu dieser. Sie müssen weder jeden Tag ein Spa noch einen anderen besonderen Ort aufsuchen, um Entspannung zu finden. Sie müssen nur ein paar Minuten einplanen, um in sich zu gehen und Ihren Geist mit positiven Gedanken zu füllen.

Im Kapitel zur perfekten Arbeitsumgebung haben Sie einen ganz persönlichen Ort visualisiert, an dem Sie Ruhe und Frieden finden und vollkommen entspannen können. Vielleicht war es der Anblick eines Waldes, eines Sees, eines Flusses, der Ihnen zur Entspannung verhalf. Oder Sie haben das Rauschen des Meeres vernommen, als Sie einen Ort der Entspannung in Ihrem Inneren hervorrufen wollten oder Sie haben den Sand unter Ihren Füßen gespürt. Vielleicht haben Sie auch in Ihrem Lieblingscafé gesessen. Jeder Mensch ist individuell und findet Entspannung an ganz verschiedenen Orten.

Egal, welche Landschaft, welches Geräusch oder Gedanken Ihnen das Gefühl von Einklang und Zufriedenheit vermittelt, halten Sie an dem Gedanken an den Ort oder dem Gefühl fest. Malen Sie sich dieses genau aus und schaffen Sie sich somit eine **Gedankenoase**.

Jedes Mal, wenn es Ihnen schwerfällt sich zu konzentrieren, schließen Sie die Augen und begeben Sie sich an diesen Ort. Sie können sich in Ihrem Bürostuhl zurücklehnen, die Augen schließen und gedanklich hinüber in ihre Oase gleiten. Wenn Sie gestresst sind und eine Blockade verspüren, verweilen Sie einen Moment an diesem Ort. Die Zeit wird sich lohnen. Denn danach wird es Ihnen wieder viel leichter fallen, an Ihre Arbeit zurückzukehren. Sie werden Ihre Aufgaben mit mehr Konzentration ausüben können, Zufriedenheit und positive Gefühle vernehmen.

Eine Gedankenoase kann auch ein gutes Mittel sein, um wütende Gefühle abzuschütteln. In jedem Arbeitsverhältnis, in jeder Ehe, in jeder Familie und Freundschaft kommt es einmal zu Konflikten. Lassen Sie sich dann von den negativen Gefühlen nicht überrollen oder gar beherrschen. Bleiben Sie ganz ruhig. Stellen Sie fest, die Fassung nicht wahren zu können, dann brechen Sie das Gespräch ab. Finden Sie einen ruhigen Ort, schließen Sie die Augen und begeben Sie sich wieder an Ihre Gedankenoase.

Streitereien und Konflikte werden Sie Ihren Lebenszielen nicht näherbringen. Ihnen sollte viel mehr daran gelegen sein, Konflikte zu lösen. Das können Sie nur mit einem ruhigen Geist. Und ist der Konflikt erst einmal gelöst, werden Sie sogleich feststellen, dass Sie den Fokus wieder auf die wichtigen Dinge im Leben richten können.

Schritt 4: Erledigen Sie Dinge durchdacht und in angemessenem Tempo!

„Ist man in kleinen Dingen nicht geduldig, bringt man die großen Vorhaben zum Scheitern."

(Zitat des chinesischen Philosophen Konfuzius)

Der Schlüssel zum Erfüllen all Ihrer Aufgaben ist die Geduld.

Geduld ist nicht nur notwendig, um Ihre täglichen Konzentrationsübungen zu absolvieren. Geduld benötigen Sie in beinahe allen Vorhaben, die Sie sich in Ihrem Leben vorgenommen haben.

Geduld ist nötig bei der Erziehung Ihrer Kinder. Geduld ist nötig, wollen Sie intakte Beziehungen zu Ihrem Partner und Ihren Freunden bewahren.

Geduld benötigen Sie, streben Sie nach einer Beförderung, die auf sich warten lässt. Und auch, wenn Sie sich eine große Reise in den Kopf gesetzt haben, benötigen Sie Geduld, um das nötige Geld ansparen zu können.

Das Geheimnis zum Erfolg im Leben ist es, in allen Bereichen, auch in den kleinsten Dingen, Geduld aufzubringen. Egal, welche Aufgaben am Tag auch anstehen, versuchen Sie sich nicht unter Druck setzen zu lassen, sondern erledigen Sie Ihre Aufgaben fokussiert, konzentriert und entspannt.

Erledigen Sie Ihre Aufgaben hektisch, kommt es oft vor, dass Sie Dinge doppelt ausführen müssen.

Telefonieren Sie unkonzentriert, vergessen Sie nach wichtigen Informationen zu fragen und müssen das Telefon womöglich noch einmal zur Hand nehmen. Planen Sie Ihr Gespräch aber in aller Ruhe und notieren sich alle Fragen, die Sie beantwortet haben möchten, ist die Sache mit einem Telefonat erledigt.

Wir Menschen neigen dazu, in Hektik zu verfallen, haben wir etwas vergessen. Investieren Sie also etwas Zeit in Ihre Aufgaben und erledigen Sie diese stets ruhig und fokussiert. Dann haben Sie Ihre Aufgaben erledigt, ohne noch einmal recherchieren oder nachfragen zu müssen.

Geduld ist eine Tugend. Das gilt besonders für ein gutes Zeitmanagement. Ganz nach Konfuzius gilt auch hier: Fehlt Ihnen die Geduld für die kleinen Dinge im Alltag und im Leben, werden Ihnen auch detailliert aufgestellte Zeitpläne nicht helfen, Ihre Ziele befriedigend und in der vorgegebenen Zeit zu erreichen.

Schritt 5: Schieben Sie ungeliebte Dinge nicht länger auf!

„Morgen nennt man den Tag, an dem die meisten Fastenkuren beginnen!"

(Zitat des deutsch-schweizerischen Schauspielers Gustav Knuth)

Egal, wie reich wir sind, welche Schulen wir besucht haben oder aus welcher Region der Erde wir auch kommen mögen. Eines ist uns allen gleich. Ungeliebte Aufgaben erledigen wir lieber morgen als heute.

Meist sind es nur ganz kleine Dinge, die uns nur wenig Anstrengung kosten, die wir aber immer wieder verschieben und uns damit unnötig belasten. Für ein gutes Zeitmanagement und Ihre Konzentration ist das Aufschieben von Tätigkeiten, die eigentlich gleich erledigt werden können, ein großes Hindernis. Wie können Sie effektiv arbeiten, hängt Ihnen ein bevorstehendes Telefonat oder ein unaufgeräumter Raum wie ein Klotz an Ihrem Bein?

Versuchen Sie, sich auf Ihre Aufgaben zu konzentrieren, wird Ihnen immer wieder durch den Kopf gehen, dass Sie diese eine Sache, die Sie ungern tun, doch unbedingt noch tun müssen. Aufschieben ist eines der größten Hindernisse konzentrierten Arbeitens.

Rufen Sie Ihren Zahnarzt doch endlich an und vereinbaren Sie einen Termin. Räumen Sie den Keller doch endlich auf und bringen Sie Ordnung in Ihr Leben!

Mit dem Aufschieben ungeliebter Tätigkeiten und Aufgaben verlieren wir den Fokus auf die Dinge, denen wir unsere Aufmerksamkeit widmen sollten. Denn unterbewusst nagen die unerledigten Dinge an uns, die wir nicht aus fehlender Zeit nicht tun.

Ungeliebte Dinge schieben wir zum einen auf, weil wir die Motivation nicht finden. So ist es mit all den Fastenkuren, die niemals in die Realität umgesetzt werden. Und mit all den unaufgeräumten Kellern dieser Welt, die eine motivierte Seele benötigen, um jemals Ordnung zu erhalten.

Oder wir haben Angst oder die Aufgabe erfüllt uns aus irgendeinem Grund mit Unbehagen. Manche von uns telefonieren nicht gern. Telefonische Erledigungen wie das Vereinbaren eines Zahnarzttermins werden dann immer wieder aufgeschoben.

Vielleicht müssen Sie sich aber auch einem unangenehmen Gespräch stellen. Sie schieben es immer wieder auf, weil nur der Gedanke daran, Unmut in Ihnen auslöst.

Statt aber immer wieder an das Gespräch zu denken und mit negativen Gefühlen überschwemmt zu werden, stellen Sie sich diesem endlich. Danach werden Sie sich frei und glücklich fühlen. Sie können sich dann endlich wieder auf die wichtigen Dinge im Leben konzentrieren.

Die Notiz an der Pinnwand oder in unserem Smartphone, die uns immer wieder daran erinnert, dass wir diese eine Sache noch erledigen müssen, wird zur unglaublichen seelischen Last. Belasten uns Dinge, können wir den Fokus auf unsere Arbeit nur schwer halten. Und das ist noch längst nicht alles. Wir können auch nicht länger entspannen. Manch einen von uns belasten die aufgeschobenen Dinge so sehr, dass er nicht länger schlafen kann. Und dabei wissen Sie doch, dass ein erholsamer Schlaf einer der Grundpfeiler unserer Konzentration ist.

Wenn etwas auf Ihrer Agenda steht, dann erledigen Sie es. Belasten Sie sich nicht mit aufgeschobenen Vorhaben. Egal, ob es ein Telefongespräch ist oder eine Fastenkur. Haben Sie sich etwas vorgenommen oder müssen Sie etwas erledigen, dann befreien Sie sich davon, indem Sie es einfach tun.

Nur ein unbelasteter Geist kann den Fokus auf die wirklich wichtigen Dinge im Leben wahren.

AUSBLICK

Strukturen als Grundpfeiler eines wirksamen Zeitmanagements

„Chaos erschaffen kann jeder Idiot. Die Sache mit der Ordnung hingegen braucht ein gut strukturiertes Gehirn und ein fröhliches Herz."

(Zitat der deutschen Autorin und Kolumnistin Chrysta Schyboll)

Alle der erklärten Prinzipien und Methoden, die ein gutes Zeitmanagement garantieren, hatten einen gemeinsamen Grundpfeiler: Die Struktur. Vielleicht erscheint es Ihnen etwas fremd und zu organisiert, Ihr komplettes Leben durchzustrukturieren.

Und ehrlich gesagt, bei einem guten Zeitmanagement geht es nicht darum, sein Leben nach einem in Stein gemeißelten, unverrückbarem Plan zu leben. Ein gutes Zeitmanagement soll Ihnen dabei helfen, Zeit für die wichtigen Dinge zu finden.

Doch um Zeit für die wirklich wichtigen Dinge zu finden, müssen Sie die Dinge, die Ihnen wichtig sind, erst einmal ausmachen. Und das gelingt Ihnen am besten, bringen Sie Struktur in Ihre Gedanken und Gefühle.

Sie müssen in sich gehen und die Menschen, die Träume, die Vorhaben, an denen Ihnen etwas liegt, herausfiltern. Schreiben Sie nieder, was Ihnen im Leben das meiste bedeutet und wofür Sie Ihre Zeit investieren möchten.

Natürlich sind wir nicht völlig frei in unserer Zeiteinteilung. Wir benötigen Geld, um Essen, Kleidung, Miete, unser Auto oder Zugfahrten, unsere Kino- oder Restaurantbesuche zu bezahlen. Doch liegt es bei uns, ob wir im Job nach Höherem streben und unseren Beruf damit zur Priorität erklären. Egal, was es ist, dass Sie glücklich macht, Ordnung in Ihr Leben werden Sie nur bringen können, arbeiten Sie, wie Chrysta Schyboll es sagt mit strukturierten Gedanken und einem offenen, glücklichen Herzen.

Durch den Fokus auf sich selbst und das Herausfiltern der eigenen Wünsche haben Sie den Grundstein für Ihre Pläne gelegt. Sie haben Struktur in Ihr Leben gebracht, da Sie nun genau wissen, worauf Sie den Fokus in Ihrem Leben legen wollen. Nur wenn Sie weiterhin strukturiert vorgehen, können Sie diese Lebenspläne auch in die Tat umsetzen.

Streben Sie nach einer Beförderung, nach Erfolg im Berufsleben, dann werden Sie Ihre Aufgaben nur erfüllen können, stellen Sie Tages, Wochen- und Quartalspläne auf, um die von Ihnen geforderten Aufgaben fristgerecht und zur Zufriedenheit Ihrer Vorgesetzten oder Ihrer Kunden zu erfüllen.Wollen Sie die Welt bereisen, müssen Sie zunächst einen Finanzplan aufstellen. Sie müssen sich um Visen und mögliche Impfungen kümmern, die Gegebenheiten in den Ländern, die Sie besuchen wollen, studieren. Kaum einer plant mehr, als jemand, der rund um die Uhr unterwegs ist.

Schließlich müssen Sie wissen, wohin die Reise geht. Unvorbereitete Reisende erleben meist böse Überraschungen.

Haben Sie keinen ordentlichen Finanzplan aufgestellt, wird Ihnen bald das Geld ausgehen. Haben Sie nicht die passende Kreditkarte, können Sie im Ausland nicht bezahlen. Haben Sie keine Ahnung von den Gepflogenheiten des Landes, können Sie in Schwierigkeiten geraten. Wollen Sie eine Familie gründen, können Sie den Stift für Ihre Planung auch gleich in der Hand behalten. Denn auch hier gibt es unzählige Fragen zu klären, die einer Planung bedürfen.

Müssen wir umziehen oder genügt die Wohnung, in der wir leben? Wie viel Geld wird uns ein Kind kosten? Wer wird sich nach dem ersten Jahr um das Kind kümmern? Gibt Ihr Partner oder geben Sie Ihren Job auf? Wir alle haben Träume. Egal, ob es kleine Träume, wie das Besuchen eines Seminars, ein Wochenendausflug in einen Freizeitpark, große

Träume wie eine Weltumsegelung oder ein neuer Job sind. Mit einem strukturierten Plan werden Sie ihn nicht nur erfolgreicher, sondern meist auch schneller in die Tat umsetzen können.Verabschieden Sie sich endlich von dem schrecklichen Wort „irgendwann“ und nehmen Sie Ihr Leben selbst in die Hand. Machen Sie Pläne, denn nur so kann aus Ihren Träumen Wirklichkeit werden.

Ruhe und Geduld als Grundpfeiler der Konzentration

„Konzentration ist das Geheimnis der Stärke in Politik, Krieg, Geschäft, mit anderen Worten: in allen menschlichen Angelegenheiten.“

(Zitat des US-amerikanischen Philosophen Ralph Waldo Emerson)

Haben Sie nun die Prioritäten in Ihrem Leben gesetzt, für Ordnung gesorgt und Pläne aufgestellt, um Ihre Ziele erreichen zu können, haben Sie einen großen Teil zum Erfolg bewältigt.

Gelingt es Ihnen aber nicht den Fokus auf Ihre Ziele zu wahren, werden Sie bei der Umsetzung Ihrer Pläne niemals erfolgreich sein.

Mit der neu geschaffenen Ordnung und Ihren Plänen haben Sie die äußeren Voraussetzungen geschaffen. Am Morgen schauen Sie in Ihren Kalender und Sie wissen genau, was zu tun ist, um Ihren Zielen näher zu kommen.

Haben Sie aber kein stabiles inneres Selbst, wird es Ihnen nicht gelingen, Ihre Pläne in die Tat umzusetzen.

In unserer Welt ist es nicht einfach, die Verbindung zum eigenen Selbst zu wahren. Die zahlreichen Einflüsse von außen überschwemmen unseren Geist mit Bildern, die uns in verschiedene Richtungen zu drängen versuchen. Wie soll es uns da gelingen, unseren eigenen Plänen konsequent zu folgen.

Konzentration ist der Schlüssel zum Erlangen unserer Ziele und damit zum Erlangen von Glück. Sowohl unser Körper als auch unser Geist müssen in der Lage sein, den Fokus auf die für uns wichtigen Dinge zu wahren. Deshalb müssen wir, wenn es um unseren Körper und wenn es um unseren Geist geht, ganz bewusste eigene Entscheidungen treffen.

Essen wir gesund, schlafen wir genug und treiben wir Sport, entscheiden wir uns für einen gesunden Körper, dem äußere Einflüsse weniger ausmachen können.

Mit einem gesunden Lebensstil legen wir den Grundstein für einen gesunden Geist. Fühlen wir uns fit und gut, funktionieren unsere Organe, unsere Muskeln und damit unser Denken besser.

Wir können uns besser auf unsere Aufgaben konzentrieren. Es gelingt uns, tägliche Aufgaben und längere Ziele zu meistern. Wir werden so glücklicher und zufriedener.

So hängt im Leben alles zusammen. Ein gesunder Körper verschafft uns einen konzentrierten Geist. Ein konzentrierter Geist hilft uns Aufgaben zu meistern. Haben wir die Aufgaben gemeistert, werden wir zufrieden und können neue Projekte voller Zuversicht in Angriff nehmen.

Doch nicht nur auf unseren Körper müssen wir achten, um ein erfülltes Leben führen zu können. Auch der Geist sollte von uns genügend Aufmerksamkeit erhalten. Trainieren wir es, Ruhe und Gelassenheit bewahren zu können, bleiben wir körperlich und geistig fit. Viele von uns erkennen, dass Sie zu großem Stress ausgesetzt sind. Sie bemerken, dass ein hektischer Alltag, in dem Sie nicht zur Ruhe kommen, Körper und Geist krank und im Endeffekt sehr unglücklich machen. Die wenigsten von uns erkennen aber, dass die Ursache des Stresses oft in uns selbst liegt.

Eine bessere Planung ist ein erster Schritt, um Zeitdruck zu vermeiden und so weniger Stress ausgesetzt zu sein. Doch viel wichtiger ist die Einstellung zum Leben und zum inneren Selbst. Erkennen wir, dass wir Selbst für unser Glück verantwortlich sind, beginnen wir den Draht zu uns selbst wiederzufinden. Wir gehen in uns, um neue Kraft zu tanken und die Aufgaben, die vor uns liegen mit Gelassenheit und Konzentration anzugehen.

Hektik und Stress führen zu schlechten Ergebnissen. Ruhe und Gelassenheit hingegen lassen uns die Probleme des Alltags besser meistern. Meditationsübungen können Ihnen dabei helfen, den Draht zum innersten Selbst wieder zu finden und zu innerer Ruhe zu finden, die Ihnen helfen wird, damit Ihnen die Probleme des Alltags weniger anhaben können.

Egal, auf welchen Wegen Sie Ruhe und Entspannung finden, wichtig ist nur, dass Sie sich die Zeit nehmen, sich selbst und Ihre Wünsche wertzuschätzen. Nur dann können Sie erfolgreich und glücklich werden.

DAS NEHME ICH MIR FÜR MEINE ZEIT VOR:

DAS NEHME ICH MIR FÜR MEINEN FOKUS VOR:

SPEED READING
Schneller & besser Lesen

Wie Sie mit einem sicheren Schritt für Schritt System spielend leicht Ihre Lesegeschwindigkeit verdoppeln und Ihre Konzentration nachhaltig steigern

„Ein Muss für alle Wissensgierige!“

– Amazon Kunde

Wie Sie mit Hilfe einer effektiven Schritt für Schritt Formel Ihre Lesegeschwindigkeit verdoppeln und beim Lesen Zeit sparen!

Das Speed Reading Buch zeigt Ihnen einfache Praxis-Strategien auf, mit denen Sie Ihre Lesegeschwindigkeit verdoppeln und dabei Ihre **Konzentrationsleistung** nachhaltig erhöhen. Sehen Sie das Buch als das, was es ist: Ein sicheres **Schritt für Schritt System**, das aus Ihnen einen absoluten Speed Reading Profi machen wird. Dank diesem Buch werden Sie nie wieder kostbare Zeit verlieren!

ISBN: 978-1075798542

Matthias Brandt

RHETORIK
Reden wie ein Profi

Wie Sie ein guter Redner werden, überzeugend auftreten und Ihre wahrgenommene Kompetenz durch erfolgreiche Kommunikation erhöhen

„Wichtiges Buch für ein erfolgreiches Leben."

– Amazon Kunde

Das Rhetorik Buch zeigt Ihnen, wie Sie dank einfacher Strategien Ihre Rede- und Überzeugungskünste verbessern.

Dieses Buch bietet Anfängern einen guten Start, um Kommunikation zu meistern. Auch aber bekommen Experten neue Einblicke in die Welt der Rhetorik, was dieses Werk zu einer absoluten **Standardlektüre** macht, wenn es um die Kunst der Rede geht. Damit auch Sie Ihre Interessen wirkungsvoll durchsetzen und Ihre Mitmenschen **nachhaltig für sich gewinnen.**

ISBN: 978-1728739243

Julius Loewenstein

Weitere Bücher von Kristin ...

EMOTIONALE INTELLIGENZ
Gefühle verstehen

Wie Sie mit Hilfe effektiver Methoden Gelassenheit lernen, Stress bewältigen, Menschen lesen und Schritt für Schritt Ihre Beziehung verbessern

„Öffnet einem die Augen, Dinge anders zu betrachten und zu handeln."

– Amazon Kunde

Wer heutzutage erfolgreich sein will, muss seine Emotionen verstehen und die Macht der emotionalen Intelligenz für sich beherrschen!

Dieser Ratgeber behandelt alles rund um das Thema Emotionale Intelligenz und zeigt Ihnen **unvorhergesehene Möglichkeiten** auf, wie Sie Ihre Gefühle und Gedanken miteinander in Einklang bringen und durch effektivere Kommunikation ungeahnte Lösungen für Ihren persönlichen Erfolg im Umgang mit anderen Menschen entdecken.

ISBN: 978-1698562346

Kristin Berger-Loewenstein

... und von Julius Loewenstein.

RHETORIK | SMALLTALK | SCHLAG-FERTIGKEIT | SELBSTBEWUSSTSEIN

Das Große 4 in 1 Buch!

Wie Sie die Kunst der Kommunikation, der Körpersprache und selbstbewusstes Auftreten erfolgreich meistern

„Standardwerk für erfolgreiche Kommunikation - das wohl mächtigste Buch zum Thema."

– Amazon Kunde

Das Große 4 in 1 Buch vom Bestseller-Autor Julius Loewenstein!

Dieser Klassiker umfasst die vier Dauer-Bestseller von Julius Loewenstein. In diesem Buch werden essenzielle Erfolgsstrategien gebündelt und **ungekürzt** in vollem Umfang wiedergegeben. Damit Sie das ganze Paket der Persönlichkeitsentwicklung für Ihren Erfolg aus einer Quelle beziehen und dabei kostengünstig auf wertvolles Praxis-Wissen zugreifen!

ISBN: 978-1073655007

Julius Loewenstein

Printed in Poland
by Amazon Fulfillment
Poland Sp. z o.o., Wrocław

49822877R00065